VOYAGE AU TONKIN

DE

M. RICHAUD

GOUVERNEUR GÉNÉRAL DE L'INDO-CHINE

ARRÊTÉS

Pris par M. RICHAUD pour organiser et pacifier le Tonkin.

SAIGON

—

1888

VOYAGE AU TONKIN

DE

M. RICHAUD

GOUVERNEUR GÉNÉRAL DE L'INDO-CHINE

ARRÊTÉS

Pris par M. RICHAUD pour organiser et pacifier le Tonkin.

SAIGON

—

1888

M. Richaud, en arrivant au Tonkin, a exposé, dans la lettre ci-après, ce qu'il comptait faire pour l'organisation et la pacification du pays :

Hanoi, le 1er juillet 1888.

M. Richaud, Gouverneur général p. i. de l'Indo-Chine, à Monsieur le Résident général en Annam et au Tonkin, à Hanoi.

Monsieur le Résident général.

La pacification par les armes est à peu près terminée ; quelques bandes tiennent encore, il est vrai, certains points du territoire, mais tout fait espérer qu'avant la fin de l'année elles pourront être dispersées. Mais si la pacification par les armes est terminée, si nous n'avons plus à mettre en mouvement des colonnes expéditionnaires, il nous reste à compléter l'œuvre commencée en exerçant les droits conventionnels que nous tenons des traités. C'est à l'autorité civile qu'incombe le soin d'opérer la complète pacification du pays ; c'est elle qui doit panser les blessures des dernières guerres, arrêter et faire disparaître les pirates isolés qui parcourent encore les provinces, ouvrir des voies de communications donner enfin une sécurité complète à la population. L'action de contrôle que nous tenons des traités doit être pénétrante ; elle doit nous permettre de diriger et de moraliser l'administration que nous avons trouvée dans le pays, de même qu'elle doit nous permettre d'assurer une juste répartition de l'impôt et sa rentrée dans les caisses de l'État.

Donner aux Résidents les moyens d'exercer d'une manière efficace leur contrôle, fournir, à la population indigène les moyens de développer son bien-être, à la population européenne les moyens de créer des industries nouvelles et de développer son commerce, procurer à tous la sécurité nécessaire à leurs travaux pour mettre en œuvre toutes les richesses naturelles de ce pays, tel doit être le triple but que nous devons poursuivre.

1

Je reconnais qu'un Résident unique par province ne peut suffire à tout, et j'ai décidé qu'au fur et à mesure que les ressources dont nous disposons le permettront un fonctionnaire européen placé sous les ordres du Résident de la province serait placé dans chaque phu. Ce fonctionnaire, du grade de chancelier ou de commis de résidence, suivant l'importance des phus, aura auprès de lui un interprète. Il sera le délégué du Résident auprès des autorités annamites du phu et sera chargé spécialement de faire faire la police de son arrondissement, de faciliter et de surveiller la rentrée. des impôts. Le Résident de la province pourra lui confier toute autre partie de ses attributions.

Le rôle de ces auxiliaires doit être d'une grande utilité dans l'œuvre de pacification, car ils seront en quelque sorte, pour les Résidents placés à la tête des provinces, des sentinelles avancées qui leur feront connaître l'esprit des populations et leur signaleront leurs besoins.

Pour leur faciliter leur mission, notamment en ce qui concerne la police à faire, il sera placé auprès d'eux, dans chaque phu, cinquante gardes civils indigènes ayant à leur tête deux gardes principaux européens, et dans chaque huyen vingt-cinq gardes civils indigènes sous les ordres d'un garde principal.

La garde indigène civile que je viens de réorganiser, placée dans les phus et les huyens, aura un rôle de surveillance et de police à exercer sur tout.le territoire du ressort, elle arrêtera les vagabonds et sera chargée de la police des arroyos et des barques.

Cette double mesure d'ordre purement administratif, monsieur le Résident général, est appelée à produire, je l'espère, les meilleurs résultats et à nous permettre d'exercer d'une manière efficace un contrôle effectif sur les actes des autorités indigènes.

Détruire la piraterie qui a toujours été la grande plaie de ce pays doit être notre grande préoccupation. Pour obenir ce résultat, d'une part nous devons user de moyens de coërcition et de l'autre, montrer, par des mesures pacifiques et bienveillantes, notre désir de ramener à nous tous ceux qui résistent à notre influence bienfaisante.

Parmi ceux qui nous résistent encore il convient de distinguer entre les grandes bandes qui nous opposent de véritables petites armées et tiennent, sous leur domination, des portions importantes du territoire, et les pirates isolés.

Votre action devra être différente, suivant qu'il s'agit des uns ou des autres.

L'autorité civile ne doit intervenir, lorsqu'il s'agira de grandes bandes, que pour signaler leur présence aux commandants des postes, faire surveiller leurs mouvements et empêcher les villages de pactiser avec elles. Mais il faut que les mouvements dirigés contre ces bandes par l'autorité militaire le soient rapidement, et voilà pourquoi les résidents devront toujours tenir cette dernière au courant des agissements des pirates.

Quant à vouloir faire opérer les milices, aujourd'hui la garde civile, contre ces bandes il ne faut pas y songer. L'essai a été tenté et l'on en connaît aujourd'hui le résultat.

Les résidents, loin de vouloir marcher sur les brisées des militaires et de leur envier les succès qu'ils obtiennent par les armes, doivent se persuader, et c'est ce que je m'efforce de leur faire comprendre, que tel n'est pas leur rôle.

Le rôle du résident, qui est celui de pacificateur, est moins glorieux peut-être mais il est aussi grand et aussi beau. Il y a dans ce rôle bien compris de quoi satisfaire les esprits les plus ambitieux et les plus belles intelligences ; dans un pays où les fonctions remplies par les mandarins d'ordre civil sont seules en honneur, je ne conçois pas que les résidents consentent à se départir de leur rôle. Les résultats qu'ils obtiendront seront, il est vrai, plus lents, parleront peut-être moins à l'imagination des masses, mais ils resteront dans l'histoire de la colonisation de ce pays.

Mais, si le rôle des résidents vis-à-vis de grandes bandes de pirates est tel que je viens de le décrire, tel n'est pas cependant celui qu'ils sont appelés à jouer vis-à-vis des petites bandes isolées composées en majeure partie de vagabonds.

C'est aux résidents qu'il appartient de détruire ces dernières en les faisant traquer par la police et en empêchant leur formation en bandes. Ce sera surtout le rôle de nos agents dans l'intérieur, du délégué du résident de la province dans chaque phu.

C'est à eux qu'il appartient, comme je le disais plus haut, d'arrêter ces bandes isolées qui sèment le désordre dans les villages et dont le principal mobile est le vol.

C'est pour leur faciliter l'accomplissement de cette partie de leur mission que j'ai réorganisé le corps des milices et que je leur ai donné le véritable titre correspondant à leur rôle : « Gardes civiles indigènes du Tonkin ». J'ai décidé qu'un Européen par 25 hommes encadrerait ces gardes et que chaque poste aurait à sa tête un ou deux de ces derniers.

Pour compléter ces mesures contre la piraterie, il était indispensable de prendre des dispositions contre les complices des pirates. Or, vous le savez, en ce moment, leurs principaux complices ce sont les villages qui leur donnent asile : les uns — ce sont les moins nombreux — en haine de nous, les autres, par crainte de leurs représailles. J'ai décidé que tout village donnant asile aux pirates, quel que soit le mobile de cette complicité, serait frappé d'une amende qui varierait suivant leur degré de culpabilité et le mobile qui les fait agir.

Il est incontestable qu'on devra se montrer moins sévère à l'égard de ceux qui ont agi par peur qu'à l'égard de ceux qui ont agi en haine de nous. En frappant ces amendes nous ne ferons qu'appliquer la loi annamite. Cependant, comme je veux que les Annamites ne se méprennent pas sur le mobile de notre conduite; et que je désire qu'ils sachent bien que ces amendes sont frappées non dans un but fiscal, mais dans le but unique de les débarrasser des pirates qui infestent le pays, il sera fait deux parts de l'argent ayant cette provenance: l'une, destinée à la construction de postes de police en forme de blockhauss, l'autre, destinée à récompenser les villages qui nous seconderont dans la répression de la piraterie.

Mais notre rôle, dans cette œuvre de pacification du pays, ne doit pas se borner à faire appel aux moyens violents, nous devons aussi, par des œuvres véritablement de la paix et ayant un caractère bienfaisant pour ces populations, tenter de faire disparaître cette plaie de la piraterie.

Voilà pourquoi j'ai pris les deux mesures dont je vais vous entretenir.

La création d'un réseau de route et les concessions gratuites de terre telles que je les ai réglementées, sur votre proposition, monsieur le Résident général, par l'arrêté du 7 juillet, doivent être de grands moyens de pacification.

Ce n'est que le jour où l'on pourra facilement se transporter d'un point sur un autre du territoire que la pacification sera pleinement accomplie et que la piraterie, disparaîtra complètement. Aussi, vous ne sauriez trop insister pour qu'on se mette immédiatement à l'œuvre.

En laissant à la dispositition entière des Résidents les ressources en nature et en argent qui proviendront des corvées et de leur rachat pour la construction des routes, ils doivent pouvoir rapidement réaliser cette œuvre toute de progrès.

Vous m'avez rendu compte que S. E. le Kinh-luoc avait considéré comme une mesure bienfaisante pour les populations de leur céder les terres domaniales libres qui existent, notamment dans les provinces de Nam-Dinh, Ninh-binh, Hung-yen, Quang-yen, Bac-ninh, Lang-son, Thai-nguyen, Hung-hoa et Son-tay.

A la suite des incursions des irréguliers chinois et, plus tard, pendant la guerre franco-chinoise, la population s'est réfugiée dans le Delta. Elle y est beaucoup trop dense, et, malgré la richesse et la fécondité du sol, la misère y est à son comble, et bien des gens y meurent littéralement de faim. Les autorités françaises et indigènes devront s'entendre pour amener ceux qui ne possèdent rien à aller s'établir sur les points que je viens d'indiquer, où des terres leur seront données gratuitement, et ces terres seront exemptes d'impôt pendant trois ans.

Les Résidents devront leur procurer toutes les facilités désirables pour se transporter sur leurs nouvelles concessions. C'est parmi cette population misérable que se recrutent surtout les pirates isolés et ceux qui vont grossir les bandes existantes.

En leur donnant des terres, en leur permettant de devenir propriétaires, nous tarirons une des sources de recrutement de la piraterie.

La question de l'impôt doit également nous préoccuper, car c'est en quelque sorte sur elle que repose l'avenir du Tonkin. Aussi, est-il nécessaire qu'au moyen des documents précieux échappés au pillage et à l'incendie, qui se trouvent dans chaque village, MM. les Résidents revisent les rôles des impôts personnels et fonciers.

Pour l'impôt personnel, les difficultés seront, je le sais, très grandes, car la plupart des inscrits, qui figuraient sur les bô avant notre intervention, ont fui leurs villages ou sont morts pendant la période de guerre qui vient de s'écouler. Cependant, en faisant connaître aux populations que l'administration annamite conserve au titre d'inscrit toutes ses anciennes prérogatives et les avantages que rattachent à ce titre les lois du pays, il est à supposer que beaucoup d'individus viendront d'eux-mêmes se déclarer à leurs village. L'application stricte de la loi annamite qui punit des peines les plus sévères les inscrits qui se soustraient au paiement de l'impôt et aux charges personnelles, la responsabilité qui pèse dans ce cas sur les villages seront autant d'autres moyens à employer pour provoquer des déclarations sincères.

Mais s'il est difficile de faire à l'heure actuelle un recensement exact de la population, il faut reconnaître qu'au moyen des dia bo des villages, ces registres précieux qui donnent pour ainsi dire l'état civil de la propriété, il est facile d'établir un registre foncier.

Des documents appelés également à rendre les plus grands services pour l'établissement de ces rôles sont les bô de la dix-septième année de Minh-mang et ceux des années Ken de Tu'-du'c dites de grandes corrections, je vous prie également de signaler leur importance à MM. les résidents. Les rôles généraux — chaque village formant un article — devront être établis en français et en double expédition ; l'une d'elle devra être remise au trésor et l'autre conservée par le résident.

Je compte, M. le Résident général, que cet important travail très avancé dans certaines provinces que vous me signalez telles que Bac-ninh, Nam-dinh et Ninh-binh sera terminé sous peu dans toutes les provinces.

Je vous prie également d'user de votre influence sur les autorités annamites du pays, pour leur persuader que cette revision des rôles n'est pas faite, en vue d'augmenter les charges individuelles, mais pour obtenir une répartition de l'impôt plus juste et plus équitable.

Les dispositions que nous avons prises pour assurer le contrôle de la perception de l'impôt devront être rigoureusement suivies. Les résidents ne devront pas y voir une preuve de méfiance contre eux mais au contraire une sauvegarde contre les insinuations malveillantes. De plus nous devons, tout en tenant compte des difficultés inhérentes aux débuts d'une colonisation, nous rapprocher le plus possible des formes protectrices de comptabilité imposées à tous ceux qui gèrent la fortune publique.

Je sais que toutes ces mesures créeront un surcroît de travail pour le personnel, mais je compte sur le zèle de chacun pour nous seconder dans l'œuvre entreprise. Les fonctionnaires à tous les degrés savent déjà que je prendrai toujours en main leurs intérêts et que dans les avancements à donner, je m'efforcerai toujours de récompenser les plus méritants. Déjà j'ai demandé au ministre de vouloir bien régler tout ce qui touche à leur retraite et ils ont pu voir, par l'arrêté que j'ai pris sur votre proposition, que je ne veux plus avoir pour régle des avancements, que le savoir et le mérite.

Enfin il est un dernier point relatif aux fonctionnaires sur lequel je tiens à appeler votre attention ; c'est l'esprit d'union et de solidarité qui doit tous nous unir pour la réussite de l'œuvre commencée. Pendant mon séjour ici j'ai déjà pu constater que l'appel à la concorde entre les autorités civiles et militaires avait été entendu. J'ose espérer que tous comprenant combien cette union peut être féconde pour l'œuvre de pacification et de colonisation entreprise, marcheront désormais la main dans la main à la réalisation des projets que la France a formés sur ce pays.

Ces instructions seraient incomplètes, monsieur le Résident général, si je ne vous parlais du rôle que nous avons à remplir vis-à-vis de la population européenne de ce pays. Le Tonkin a été créé pour répondre au besoin d'expansion, qui pousse les états du vieux monde à offrir un nouveau champ d'action à l'activité de leurs nationaux, et à ouvrir de nouveaux débouchés à leur commerce et à leur industrie. Nons devons donc favoriser, par tous les moyens en notre pouvoir, les entreprises de nos nationaux, tout en respectant les droits des indigènes et en suivant les principes d'équité. Je ne crois pas qu'il faille aller jusqu'à créer des monopoles où à accorder des primes : les primes, aussi bien que les tarifs protecteurs, ont toujours été préjudiciables aux industries protégées. Les monopoles en favorisant un industriel annihilent tous les autres ; ils tuent la concurrence qui est au commerce ce qu'est le fluide vital au corps humain. Je crois d'ailleurs que nos colons réclament moins la protection officielle que la liberté d'action ; ils sont venus ici dans un but bien arrêté, avec une ligne de conduite qu'ils se sont tracée d'avance, et ils demandent surtout qu'on ne vienne pas neutraliser leurs efforts.

Nous devons donc avoir en vue, avant tout, de ne pas entraver leur action, de ne pas les soumettre à des lenteurs, à des exigences tracassières administratives. Cela fait, nous devons leur donner toutes les facilités, tous les encouragements possibles, comme exemptions d'impôt, concessions de terres, diminutions temporaires de tarifs, etc. Nous devons surtout favoriser la création d'exploitations nouvelles, agricoles ou industrielles, culture et filatures de coton, sucre, café, pavot, thé, plantes oléagineuses et tinctoriales, etc., dont quelques-unes feront certainement la richesse du pays.

Gardez-vous de trop réglementer, laissez à la population venue ici courageusement pour courir les risques de la fortune, le temps et les moyens de se développer et de prendre son essor, après avoir trouvé sa voie. Ne laissez pas traîner les affaires ; de gros intérêts sont souvent en jeu, et il faut à tout prix éviter les lenteurs inutiles.

Ne négligez rien pour rechercher les mesures les plus propres à favoriser le commerce, l'industrie, l'agriculture ; vous me trouverez toujours prêt à les accueillir.

Je ne veux pas entrer dans de plus longs détails, je ne puis que vous indiquer les grandes lignes : à vous de prendre les mesures d'exécution. Toutes ces prescriptions, monsienr le Résident général, n'auront de valeur qu'autant qu'elles seront bien appliquées, et qu'elles le seront avec suite. Je compte, en conséquence, sur la collaboration dévouée et intelligente de MM. les Résidents. Je sais que notre réussite dans ce pays a toujours fait l'objet de vos préoccupations, je connais votre esprit libéral et votre expérience ; vous avez toute ma confiance, et je ne doute pas qu'en réunissant nos efforts nous n'arrivions à faire de cette colonie la plus belle et la plus riche possession de la France.

Veuillez agréer, Monsieur le Résident général, les assurances de ma haute considération et de mes sentiments dévoués.

RICHAUD

Hanoi, le 21 juillet 1888.

M. Parreau, Résident général p. i. de la République française en Annam et au Tonkin, à M. le Gouverneur général de l'Indo-Chine, à Hanoi.

Monsieur le Gouverneur général,

Une des grandes défectuosités du système de contrôle qui a été suivi jusqu'ici, contrôle qui nous est imposé par le traité de 1884, consiste, comme vous me l'avez fait remarquer tout d'abord, dans le nombre absolument insuffisant de nos centres d'opérations. Nous n'avons, depuis le commencement de notre établissement au Tonkin, qu'un seul Résident par province, c'est-à-dire un seul centre d'action pour un million à un million et demi d'habitants, tandis qu'en Cochinchine, pour la même population, dans des circonstances beaucoup moins difficiles, nous avons toujours eu une vingtaine de circonscriptions. Je sais bien que la situation n'est pas exactement la même ; nous sommes ici en pays de Protectorat, mais nous devons, comme en Cochinchine, assurer la pacification et centraliser, avec le concours des quan-bo, le service des impôts ; or, ces deux engagements que nous avons pris par traité, nous ne pouvons véritablement les tenir avec un seul agent pour des provinces dont quelques-unes sont plus peuplées que la Cochinchine tout entière.

Aussi, il faut bien le reconnaître, les résultats que nous avons obtenus jusqu'ici sont bien maigres, pour ne pas dire presque négatifs ; nous n'avons pas pénétré la population, loin de là, nous lui restons étrangers, tous nos actes sont dénaturés, ou sont souvent des prétextes à exactions, le peuple ne nous comprend pas, et n'a pas encore saisi les bienfaits qu'il peut retirer de notre présence dans ce pays. Au point de vue du contrôle que nous devons exercer sur les actes des mandarins, et en particulier sur l'impôt, nous ne sommes guère plus avancés; les Résidents n'y suffisent pas.

Il n'y a qu'un moyen de sortir de cette stagnation où nous sommes et qui équivaut à une sorte de marche en arrière, c'est de multiplier les centres de contrôle, de mettre un délégué du Résident dans chaque grande circonscription administrative, dans chaque phu par exemple. Nous aurons ainsi un agent par 250 à 300,000 habitants en moyenne, et j'estime que cela décuplera nos moyens de pénétration dans la population, étendra considérablement notre cercle d'influence, et nous fournira même des accroissements d'impôt, tout en donnant satisfaction à la masse des contribuables.

En nous plaçant au point de vue du traité, nous resterons, en agissant ainsi, dans la légalité, cet instrument nous donnant le droit de placer des agents dans les postes où nous le jugerons utile.

Cette création de nouveaux centres, de nature d'ailleurs provisoire, ne donnera lieu qu'à de faibles dépenses; mais cependant, vu la pénurie actuelle de notre budget, j'ai cru devoir insérer dans le projet que je soumets à votre approbation une clause aux termes de laquelle chaque poste ne sera créé qu'au fur et à mesure que les ressources du budget le permettront.

Veuillez agréer, monsieur le Gouverneur général, l'assurance de mon respectueux dévouement.

PARREAU

Le Gouverneur général *p. i.* de l'Indo-Chine française, officier de la Légion d'honneur et de l'Instruction publique,

Vu le décret du 17 octobre 1887 organisant l'Indo-Chine;
Vu le décret du 12 novembre suivant déterminant les attributions du Gouverneur général;
Vu le traité du 6 juin 1884;
Sur la proposition de M. le Résident général *p. i.* en Annam et au Tonkin,

ARRÊTE :

Article premier. — Il est créé, dans chaque phu, un centre de contrôle administratif dont la gestion sera confiée à un délégué du résident de la province.

Art. 2. — Tous les chefs de poste administratif seront sous

les ordres directs du Résident de leur province, à moins de dispositions contraires du Résident général, et leurs opérations seront centralisées au chef-lieu de la Résidence.

Art. 3. — Chaque poste administratif ne sera établi qu'au fur et à mesure que les ressources du budget le permettront.

Art. 4. — M. le Résident général en Annam et au Tonkin est chargé de l'exécution du présent arrêté.

Hanoi, le 22 juillet 1888.

RICHAUD.

M. Parreau, Résident général p. i. de la République française en Annam et au Tonkin, à Monsieur le Gouverneur général à Hanoi.

Monsieur le Gouverneur général.

Les milices provinciales annamites ont été instituées par un arrêté local en date du 6 août 1886.

Cette organisation, réalisée au moment où le régime civil venait à peine de succéder au régime militaire, ne pouvait être qu'une organisation de transition. L'heure paraît aujourd'hui venue de donner à cette institution une assise définitive et de constituer fortement la milice en vue du rôle important qu'elle est appelée à jouer.

Ce rôle doit être tout à fait distinct de celui de l'armée. A l'armée incombe, le cas échéant, la haute mission de repousser les agressions de l'extérieur et de réprimer les rébellions de l'intérieur. A côté et en dehors de l'armée, la milice, qui prendra désormais le nom de *Garde civile indigène du Tonkin,* doit être plus spécialement chargée d'assurer la tranquilité ordinair et quotidienne du pays par un système de police à la fois préventif et répressif. Cette police sera préventive en ce sens qu'elle s'efforcera de fournir à l'autorité politique tous les renseignements qui sont de nature à l'éclairer sur l'état des esprits dans le pays, répressive parce qu'elle devra rechercher et poursuivre les malfaiteurs. Si la répression de la rébellion est du ressort de l'armée, la répression du brigandage doit appartenir à la *Garde civile indigène.*

Ainsi comprises, les attributions de la garde civile sont assez importantes pour l'absorber tout entière ; il paraît nécessaire, en conséquence, de la détourner le moins possible de sa mission. C'est ainsi, par exemple, que le service des postes de l'administration des douanes, qui avait été confié jusqu'ici à des miliciens, devra être désormais assuré par des agents spéciaux de cette administration. Rien n'empêchera d'ailleurs de recruter ces agents selon la loi annamite.

La garde civile indigène sera donc exclusivement une force de police, essentiellement civile, à la disposition absolue des résidents.

Et comme elle vaudra ce que vaudront les éléments qui la composeront, il a paru habile et équitable, pour attirer des éléments de choix, de faire des avantages sérieux au personnel européen et au personnel indigène de la garde civile : au personnel européen, en lui accordant des garanties pour la sécurité du grade ; au personnel indigène, en attribuant des hautes payes journalières aux hommes rengagés et des pensions de retraite après vingt-cinq années de service.

Quant au mode d'emploi du nouveau corps, il sera différent de celui de l'ancienne milice. Le groupement en compagnies et sections est supprimé. La garde indigène sera répartie en postes, d'importance variable suivant les cas, placés dans les résidences, les phus et les huyens importants, et toujours sous l'autorité d'un Européen.

Les chefs de poste devront être en relations, pour ainsi dire permanentes, avec les résidents des provinces et les délégués des résidents dans les phus, car ce projet est intimement lié à la réforme dont je vous ai déjà saisi, et qui consiste à mettre, auprès de chaque phu, un représentant du résident de la province. Les postes pourraient être installés dans des blockhauss, dont la construction serait assurée par les soins des villages intéressés, et dans des conditions qui feront incessamment l'objet de propositions spéciales de ma part.

C'est dans cet ordre d'idées qu'a été établi l'arrêté suivant, que j'ai l'honneur de vous soumettre, et qui annule et remplace l'arrêté de principe du 6 août 1886 et les arrêtés de détail qui ont été pris ultérieurement.

Hanoi, le 19 juillet 1888.

E. PARREAU.

ARRÊTÉ

Le Gouverneur général de l'Indo-Chine française, officier de la Légion d'honneur et de l'Instruction publique,

Vu les décrets des 17 octobre et 12 novembre 1887, réglant l'organisation administrative de l'Indo-Chine et les pouvoirs du Gouverneur général ;
Vu l'arrêté en date du 6 août 1886 ;
Sur la proposition du Résident général *p. i.*.

ARRÊTE :

CHAPITRE PREMIER.

Dispositions générales

Article premier. — Les milices provinciales, instituées par l'arrêté du 6 août 1886, sont supprimées et remplacées par un corps de police civile qui prend le nom de *Garde Civile indigène du Tonkin*. Le personnel de la police européenne actuelle sera versé dans la garde civile du Tonkin.

Art. 2. — La garde civile du Tonkin sera recrutée, selon la loi annamite, par les soins des chefs de cantons, proportionnellement au nombre des inscrits de chaque village, et parmi les hommes inscrits ou fils d'inscrits. Les chefs de cantons ne devront présenter que d'anciens miliciens ou d'anciens tirailleurs tonkinois.

La durée du service est de *trois* années.

Art. 3. — Les villages sont responsables des hommes qu'ils auront fournis.

Art. 4. — Les hommes de la garde indigène sont distribués par postes répartis de la manière suivante :

Postes de 25 hommes dans les huyens importants ou troublés ;
Postes de 50 environ dans les phus ;
Postes de 125 environ dans les résidences.

Chaque poste de résident fournit un détachement auprès des tong-doc, des tuan-phu, et, dans la province de Hanoi, auprès du kinh-luoc.

Art. 5. — La hiérarchie dans la garde indigène est la suivante :

1° Inspecteur européen.. ..... { 1re classe ;
                                2e classe.

2° Garde principal européen... { 1re classe ;
                                 2e classe ;
                                 3e classe.

3o Pho-quan.

4o { Doï.................... { 1re classe ;
      { 2e classe.
    { Caï................... { 1re classe ;
      { 2e classe.

5o { Bep (garde de 1re classe) ;
    { Linh (garde de 2e classe).

Art. 6. — Chaque poste de 25 hommes comprend :

1 Garde principal de 2e classe ;
1 Doï ;
2 Caïs .

Chaque poste de 50 hommes comprend :

2 Gardes principaux ;
2 Doïs ;
4 Caïs.

Chaque poste de 125 hommes comprend :

5 Gardes principaux ;
1 Pho-quan ;
6 Doïs ;
12 Caïs.

Les gardes principaux ont toujours autorité sur les gradés annamites.

Le garde principal le plus élevé en grade ou, à égalité de grade, le plus ancien, est chef du poste. Sauf dans le cas de nécessité absolue, les emplois de chefs de poste ne seront confiés qu'à des gardes principaux de 1re et de 2e classe.

Chaque chef de poste adresse toutes les semaines, et plus souvent s'il y a lieu, un rapport en double expédition au résident de la province et au délégué du résident dans le phu dont dépend le poste.

Art. 7. — Au chef-lieu de chaque résidence est placé un inspecteur qui visite au moins une fois par mois, les postes de la province ; il est spécialement chargé de veiller à la discipline, à l'instruction militaire, à la conservation des armes et munitions, à la bonne tenue des hommes et des postes, et à l'exécution du service.

Art. 8. — L'inspecteur est placé sous les ordres directs du résident.

Art. 9. — La garde civile indigène est spécialement affectée aux services suivants :

1o garde de résidences
2o garde des gouverneurs de provinces
3o garde de Phus.

4º garde de Huyens.
5º garde des prisons.
6º garde des édifices publics et des barques de l'administration.
7º service des courriers officiels.
8º service des renseignements.
9º poursuite et arrestation des malfaiteurs.
10º escortes des transports par terre, par fleuve et par mer pour le compte du Protectorat.
11º escortes et autres missions admises par les usages de l'adminis tration annamite.

Art. 10. — Lorsque les effectifs levés excèderont les besoins du service, les gardes non utilisés seront envoyés en permission sans solde dans leurs villages.

Art. 11. — Ces congés réguliers, inscrits sur les contrôles et les registres de poste seront délivrés par le Résident ou Vice-résident.

Art. 12. — Les armes des absents resteront au magasin du poste, sous la responsabilité du garde principal, chef de poste.

Art. 13. — En cas de guerre ou de rébellion, la garde indigène peut être mobilisée en tout ou en partie. Elle passe alors sous les ordres de l'autorité militaire.

Un arrêté spécial du Gouverneur général fixera les cas et les conditions de cette mobilisation.

CHAPITRE II.

Recrutement, avancement, récompenses

Art. 14. — Les inspecteurs de 1re classe sont choisis, soit parmi les anciens officiers de l'armée, soit parmi les inspecteurs de 2e classe. Sont réservés à ces derniers les *trois quarts* des vacances.

Les inspecteurs de 2e classe sont pris parmi les anciens officiers de l'armée et au choix parmi les gardes principaux de 1re classe. Ces derniers ont droit au tiers des vacances au moins.

Art. 15. — Les gardes principaux sont plus particulièrement recrutés parmi les militaires libérés du service actif ou en position de congé renouvelable, les gendarmes, les agents de police, les gardiens de la paix, etc.

Toute demande doit être adressée au Résident général et accompagnée de pièces établissant les services antérieurs.

Les candidats devront être en mesure de pouvoir rédiger un rapport de police.

L'avancement à la 1ʳᵉ et à la 2ᵉ classe de garde principal a lieu moitié au choix et moitié à l'ancienneté.

Un tour du choix sur trois peut être attribué aux candidats qui nefont pas partie de la garde pour les 1ʳᵉ et 2ᵉ classe.

Art. 16. — Les inspecteurs et gardes principaux seront nommés par le Résident général.

Ils seront pourvus d'une commission qui ne pourra leur être retirée qu'à la suite de faits graves et sur les conclusions conformes d'un conseil d'enquête composé de :

Pour les Inspecteurs :

Le Résident supérieur ;
1 Résident ;
2 Vice-Résidents ;
1 Inspecteur plus ancien ou, à défaut, 1 Vice-Résident.

Pour les gardes principaux :

1 Résident
1 Vice-Résident ;
2 Inspecteurs ;
1 Garde principal de 1ʳᵉ classe.

Désignés, dans chaque cas, par le Résident général.

Les gradés indigènes seront nommés par les résidents sur les propositions des chefs de postes transmises et annotées par les inspecteurs.

Les indigènes qui, à l'expiration de leur temps de service, seraient de nouveau présentés par leurs villages et admis par les Résidents, seront maintenus dans la garde civile indigène.

Il leur sera alloué une haute paye journalière de 0 fr. 10 pour les doïs et 0 fr. 05 pour les caïs et gardes.

Art. 17. — Les Européens et les indigènes de la garde civile du Tonkin peuvent recevoir la décoration de la Légion d'honneur. Cette distinction donne lieu au traitement alloué aux militaires, mais payé sur le budget du Protectorat.

CHAPITRE III.

Solde et accessoires de solde. — Retraite.

Art. 18. — Les inspecteurs, gardes principaux, gradés et gardes indigènes, reçoivent la solde et les accessoires de solde mentionnés au tarif annexé au présent règlement.

Art. 19. — La solde et les accessoires de solde sont payés par le chancelier de la résidence, sur la présentation des mandats arrêtés conformément aux règles qui seront déterminées par le Résident général.

Art 20. — L'habillement des gradés et gardes indigènes est fourni par l'administration du Protectorat.

Art 21. — Le personnel de la garde civile indigène n'a droit à aucune délivrance de vivres.

Art. 22— Cependant lorsque, en exécution de l'art 13, des détachements de la garde indigène seront mobilisés, les Européens qui feront partie de ces détachements toucheront des rations journalières de vivres.

Art 23. — Lorsque l'expédition durera plus de deux jours, les indigènes recevront aussi la ration journalière de vivres.

Art 24. — La composition de la ration journalière sera déterminée par le Résident général, et le montant en sera imputé au budget du Protectorat.

Art 25. — A dater de la mise à exécution du présent arrêté, les indigènes de tous grades de la garde qui compteront 25 années de services, tant dans le corps que dans les anciennes milices et les tirailleurs tonkinois, seront admis à la retraite, et auront droit à une pension payée par le Protectorat et dont le taux sera réglé, suivant le grade, par un arrêté ultérieur. Auront également droit à une pension de retraite les indigènes de la garde qui, en service commandé, auront contracté des blessures ou des infirmités incurables.

CHAPITRE IV.

Congés

Art. 26. — Au point de vue des congés, le personnel européen de la garde civile indigène est traité d'après les mêmes règles générales que le personnel civil du Protectorat.

CHAPITRE V.

Uniforme

Art. 27. — Les inspecteurs de la garde civile indigène portent l'uniforme suivant:

Tenue d'hiver. — Dolman en drap national du modèle de l'Infanterie, avec col, brandebourgs et parements de la couleur du fond; une rangée de sept boutons du modèle de l'Infanterie, broderies de grade en or de modèle à déterminer par le Résident général; grenades en or au collet.

Tenue d'été. — Veston et pantalon de toile blanche ou grise avec boutons et broderies circulaires mobiles.

Art. 28. — Les gardes principaux portent le même dolman que les inspecteurs, avec cette différence que les broderies du grade sont remplacées par un galon circulaire en argent pour la 1re classe et par des galons de grade du modèle de la gendarmerie en France pour la 2e et la 3e classe (maréchaux-des-logis chefs et maréchaux-des-logis de gendarmerie).

La grenade en or du collet est remplacée par une grenade en drap bleu.

Art. 29. — L'armement des inspecteurs et des gardes principaux se compose du sabre et du revolver.

Art. 30. — L'habillement des indigènes de la garde civile, gradés et simples gardes, est celui qui est actuellement réglementaire pour les milices. De même pour l'armement.

Art. 31. — Le personnel de la garde civile est logé aux frais de la province, dans des emplacements déterminés par le résident, d'accord avec les autorités provinciales.

CHAPITRE VI.

Dispositions particulières et transitoires.

Art. 32. — Toutes les dépenses relatives à l'organisation et à l'entretien de la garde indigène sont supportées par le budget du Protectorat.

Art. 33. — Les Annamites de tous grades de la garde indigène sont considérés comme protégés français et soumis comme tels à la juridiction des tribunaux consulaires qui, suivant les circontances, peuvent retenir leurs causes ou les renvoyer devant les tribunaux annamites.

Art. 34. — Les officiers et sous-officiers, actuellement en service dans les milices provinciales annamites, et les agents européens de la police seront utilisés, pour la première formation de la garde indigène du Tonkin, où ils passeront dans les conditions ci-après :

Les commandants de compagnie comme inspecteurs ;
Les adjudants comme gardes principaux de 1re classe ;
Les sergents comme gardes principaux de 2e classe ;
Les gardes de police seront classés suivant leur solde actuelle.

Art. 35. — Les divers règlements de détail et instructions concernant la garde indigène, (administration et comptabilité, justice, police et discipline, pensions de retraite des indigènes etc). seront préparés par le Résident général.

Art. 36. — La fixation des pensions de retraite du personnel européen des milices sera comprise dans le travail d'ensemble qui règlera les pensions de retraite du personnel civil du Protectorat.

Art. 37. — Sont rapportés les divers arrêtés concernant les milices provinciales annamites.

Art. 38. — Le Résident général en Annam et au Tonkin, est chargé de l'éxécution du présent arrêté.

Hanoi, le 19 juillet 1888.

RICHAUD.

ANNEXE

AU RÈGLEMENT RELATIF A L'ORGANISATION DE LA GARDE CIVILE INDIGÈNE

Solde et accessoires de solde

PERSONNEL EUROPÉEN

	SOLDE	FRAIS de service et de déplacement	PREMIÈRE MISE (1)
Inspecteur de 1re classe ...	6 000 fr.	2.000 fr.	300 fr.
— de 2e classe. ...	5.000	2.000	
Gardes principaux de 1re cl..	4.000	500 fr. pour les chefs de poste	200 fr.
— de 2e cl..	3.600		
— de 3e cl..	3.000		

(1) N'est pas due aux inspecteurs et aux gardes qui auraient déjà touché une première mise au titre des *Milices*.

PERSONNEL INDIGÈNE

	Solde annuelle	Par jour
Pho-quan..........................	810 fr.	2 fr. 25
Doi { de 1re classe	540	1 50
{ de 2e classe....................	432	1 20
Cai { de 1re classe	360	1 »
{ de 2e classe....................	324	0 90
Gardes { Bep	260	0 75
{ Linh	224	0 65

Hautes payes journalières de 0,10 pour les dois, et de 0,05 pour les cais et les gardes.

PROJET D'ARRÊTÉ frappant d'amendes les villages qui ne préteraient pas leur concours à l'autorité française pour l'arrestation des pillards et des fauteurs de désordre.

———

M. Parreau, Résident général p. i. en Annam et au Tonkin à M. le Gouverneur général de l'Indo-Chine française.

Monsieur le Gouverneur général,

La partie saine et laborieuse de la population indigène du Tonkin, qui constitue la très grande majorité des habitants, ne demande qu'à pouvoir travailler dans la paix et la tranquillité. D'un autre côté, nous disposons de tous les moyens d'action nécessaires pour assurer la sécurité du pays. La France, qui a assumé la charge de protéger le Tonkin, qui connaît toute l'étendue de ses devoirs et qui ne manque jamais à ses engagements, a mis à la disposition du peuple d'Annam tout ce qu'il faut pour que le pays soit calme. Nous avons, en effet, une armée forte et disciplinée pour défendre les habitants contre les attaques qui viendraient de l'extérieur ; vous venez, en outre, par une décision récente, d'instituer une police, la *Garde civile indigène,* dont vous avez réparti les postes par tout le pays, dans les chefs-lieux de résidences, dans les phu, dans les huyens, afin que chacun, du plus petit jusqu'au plus grand, se sente protégé, puisse travailler sans inquiétude, et soit assuré de pouvoir récolter et conserver les

fruits de son labeur ; enfin, vous avez résolu de placer dans chaque phu, un délégué civil du Résident de la province pour étudier et vous faire connaître les besoins des populations.

Voilà ce que nous avons fait, il faut maintenant que le peuple d'Annam fasse le reste, et c'est du souci bien entendu qu'il a de ses intérêts que nous devons l'attendre. Il est le premier intéressé au maintien de l'ordre, puisque sa prospérité en dépend ; il doit donc nous mettre en mesure, par son concours et par sa confiance, de remplir efficacement notre mission, tout entière d'ordre, de travail, de justice et de liberté.

Désormais, les villages, placés sous la protection de nos postes de police, ne devront plus, sous aucun prétexte, donner asile aux malfaiteurs ni se soumettre docilement à leurs exigences. Bien plus, danschaque village, le devoir de tous les habitants et plus particulièrement des notables, serade fournir à l'autorité française tous les renseignements qui permettront à celle-ci de rechercher et d'arrêter les pillards et les fauteurs de désordre.

Je compte beaucoup sur la partie éclairée de la population, sur les autorités annamites, pour donner à cet égard de sages conseils aux villages, et pour prêcher d'exemple.

Ceux qui se conformeront à ces prescriptions accompliront un véritable devoir social. Et, pour bien marquer aux yeux de la population que l'accomplissement de ce devoir doit constituer une obligation, je vous proposerai, M. le gouverneur, de vouloir bien établir une sanction. Cette sanction sera la responsabilité effective et permanente des villages. Dans la pratique, elle consistera à frapper d'une forte amende les villages qui auraient failli à leurs obligations en donnant asile à des malfaiteurs, en se soumettant docilement à leurs exigences, en ne les signalant pas, enfin, à l'autorité française. Les recettes résultant de ces amendes seraient d'ailleurs entièrement appliquées à l'œuvre générale de pacification. Une moitié, par exemple, pourrait être employée à l'installation et à l'amélioration des postes de la garde civile indigène, tandis que l'autre moitié servirait à récompenser les villages qui se signaleraient par leur zèle.

C'est dans cet esprit, M. le Gouverneur général, qu'a été rédigé l'arrêté ci-joint que je vous prie, si vous l'approuvez, de vouloir bien revêtir de votre signature.

Hanoï, le 20 juillet 1888.

PARREAU.

ARRÊTÉ

Le Gouverneur général de l'Indo-chine française, officier de la Légion d'honneur et de l'Instruction publique,

Vu la lettre du Résident général ;
Vu les coutumes locales,

ARRÊTE :

Article premier. — § Ier. Seront frappés d'une amende : les villages qui seraient convaincus d'avoir pactisé avec les pillards ou les fauteurs de désordre agissant en bandes ou isolément, de leur avoir donné asile, de s'être soumis à leurs exigences, autrement que contraints par la force ; de ne pas les avoir saisis et remis à l'autorité française lorsque cela était possible, de ne pas les avoir signalés immédiatement à la dite autorité.

§ II. — Le montant de l'amende, qui variera suivant la gravité de la faute et l'importance du village, sera déterminé par le Résident de la province assisté du quan-bo et du huyen de la circonscription à laquelle appartient le village coupable.

Art. 2. — § Ier. Une moitié des recettes provenant des amendes sera employée à la construction, à l'entretien et à l'amélioration des postes de la garde civile indigène.

§ II. — L'autre moitié servira à récompenser les villages qui se seront signalés par leur zèle à seconder l'autorité française dans l'arrestation des malfaiteurs.

§ III. — Le montant de la récompense ou prime sera fixé dans chaque cas par le Résident général sur la proposition du résident de la province.

Art. 3. — Le Résident général est chargé de l'exécution du présent arrêté, qui sera communiqué, publié et enregistré partout où besoin sera

Hanoi, le 20 juillet 1888.

RICHAUD.

COPIE d'une lettre adressée par M. Richaud, gouverneur général p. i. de l'Indo-Chine, à M. le Résident général p. i. de l'Annam et du Tonkin.

Monsieur le Résident général,

La création d'un réseau de routes au Tonkin aiderait puissamment à la complète pacification du pays et aurait la plus heureuse influence pour le développement du commerce dans notres colonie.

Malheureusement, les ressources restreintes du budget ne me permettent de disposer que de crédits insuffisants pour entreprendre ce travail et le mener à bien. Il y a plus, les routes que nous avons trouvées déjà construites sont laissées dans un état de déplorable abandon, faute de ressources suffisantes.

J'ai dû me préoccuper cependant de trouver les moyens de parer, dans la mesure du possible, au manque des crédits.

Jusqu'à ce jour, et en raison du trouble qui a suivi la période de guerre, l'administration locale n'a pas exigé l'intégralité des corvées dues par les indigènes.

Le moment me paraît revenu où il est possible d'exiger des Annamites la totalité des charges auxquelles ils sont astreints par leurs coutumes locales. Nous n'innoverons rien en le faisant, surtout si nous procédons comme le faisait le roi de l'Annam, c'est-à-dire en exigeant des corvées pour des travaux d'utilité publique, et quel travail pourrait être plus utile que la création d'un grand réseau de routes, qui mettrait toutes les parties du territoire en communication.

En exigeant donc les corvées, nous devrons les employer à peu près exclusivement à la construction, à l'amélioration et à l'entretien des routes, nous devrons permettre en même temps, aux indigènes de les racheter en argent, et les sommes perçues seront appliquées au même objet.

En portant cette décision à la connaissance des intéressés, MM. les Résidents et fonctionnaires annamites devront s'attacher à faire comprendre la portée et la valeur de cette mesure, dictée par le souci de l'administration française pour l'intérêt de populations.

Ils devront insister sur ce fait, que le développement du réseau des routes permettra à ceux qui travaillent d'écouler plus facilement leurs produits, et à des prix plus rémunérateurs ; enfin il établira entre les arrondissements voisins un courant d'affaires et de rapports qui n'existent pas aujourd'hui.

Pour mener à bien ce travail important, je vous prie, M. le Résident général, de vouloir bien donner les instructions nécessaires à MM. les administrateurs placés sous vos ordres, pour qu'on établisse dans chaque province, le plus tôt possible un rôle exact des corvées dues par les inscrits. Ces rôles seront publiés, et, dans un délai de deux mois, les intéressés devront faire connaître qu'ils désirent racheter leurs corvées ou les faire en nature.

Le prix du rachat pourra varier légèrement par province et sera fixé chaque année par le Résident général.

Lorsque le nombre des corvées en nature et les sommes provenant du rachat seront arrêtées, chaque résident fera des propositions pour l'emploi des journées et des sommes provenant du rachat.

Ce sera un véritable budget provincial pour l'exécution des travaux de cette nature.

Vous aurez soin de régler tous les détails de la comptabilité à tenir.

Enfin nous devons procéder avec méthode dans le plan d'ensemble des routes à construire ou à améliorer. Nous devrons tout d'abord rendre praticables les routes mandarines qui mettent en communication les arrondissements entre eux, les rectifier lorsque c'est nécessaire, puis faire des routes intérieures qui mettent en communication les chefs-lieux de phus et de huyens.

Les villages auxquels nous abandonnerons un certain nombre de corvées, devront mettre leurs villages en communication avec les routes créées par nous.

RICHAUD.

Hanoi, le 7 juillet 1888.

Monsieur le Gouverneur général,

Un des grands progrès à réaliser dans ce pays serait de fournir au trop plein de population du Delta un moyen de se fixer au sol, en l'intéressant au maintien de l'ordre et à la conservation de la propriété. Depuis assez longtemps, les habitants des régions excentriques du Tonkin, par suite de l'insécurité qui y régnait, se sont entassés peu à peu dans le Delta, et il en résulte une agglomération de gens sans moyens d'existence qui ne peuvent vivre que de pillage et fournissent le principal aliment à la piraterie. S'il était possible d'offrir à ces indigènes des débouchés qui les satisfassent, de les rendre, par exemple, propriétaires de terrains, nous en transformerions certainement un grand nombre en défenseurs de la propriété et de l'ordre social. Nous en recueillerions, en outre, les plus grands avantages au point de vue de la production agricole, de l'amélioration de l'état économique du pays, et de l'accroissement de la richesse publique.

Or, nous avons dans le Tonkin, des limites du Delta jusqu'aux frontières, d'immenses étendues à peu près désertes, dont une grande partie a été autrefois cultivée ou est susceptible de culture, et vers lesquelles nous pouvons tenter, avec espoir de succès, de diriger ce trop plein de population. Ces régions jouissent aujourd'hui d'une sécurité relative plus grande, chose singulière, que les régions du Delta, et le moment me paraît venu de mettre à exécution l'idée féconde de la délivrance des concessions de terrains, tant aux indigènes qu'aux Européens, en réduisant les formalités aux précautions indispensables pour atteindre le but que nous nous proposons.

Cela a été fait déjà en faveur des Européens suivant une législation bonne en soi, mais qui me paraît susceptible d'être améliorée. En ce qui concerne les indigènes, je vous proposerai d'adopter, à peu de chose près, le régime suivi en Cochinchine et qui a eu, comme vous savez, de si beaux résultats. Il a triplé la production agricole et a fait de presque tous les pirates de métier des hommes d'ordre et de conservation sociale.

Au Tonkin, comme partout, l'homme a la passion de la propriété foncière, et le même résultat, sans nul doute, ne tardera pas à se produire.

J'ai, en conséquence, l'honneur de vous proposer de vouloir bien approuver le projet d'arrêté ci-joint, dont S. E. le Kinh-luoc a approuvé les dispositions, et qu'il a bien voulu revêtir de son visa.

Veuillez agréer, M. le Gouverneur général, l'assurance de mon respectueux dévouement.

Le Résident général p. i.
E. PARREAU.

Le Gouverneur général *p. i.* de l'Indo-Chine française, officier de la Légion d'honneur et de l'Instruction publique.

Vu le décret du 17 octobre 1887 portant organisation de l'Indo-Chine ;

Vu le décret du 12 novembre 1887 déterminant les pouvoirs du Gouverneur général ;

Attendu qu'au Tonkin, en dehors du Delta, de grands espaces de terrains fertiles restent sans culture, faute d'une législation qui permette à l'indigène d'en devenir propriétaire ;

Considérant que la mise en valeur de ces terrains est d'un intérêt primordial au point de vue du dévelopement agricole et économique, et que leur concession à titre gratuit est de nature à ramener dans l'ordre un grand nombre de malfaiteurs et vagabonds qui infestent le pays ;

Sur la proposition du Résident général *p. i.* et l'avis conforme du Kinh-luoc ;

ARRÊTE :

Article premier. — Des concessions de terrains domaniaux, d'une étendue de cinq hectares au maximum, pourront être accordées, à titre perpétuel, aux indigènes et asiatiques étrangers qui en feront la demande.

Art. 2. — Le concessionnaire aura l'obligation de mettre son terrain en culture dans un délai d'un an après la date de la concession, il jouira de la franchise de l'impôt jusqu'au 1er janvier qui suivra la troisième année.

Art. 3. — Au bout de la deuxième année, tout ce qui n'aura pas été cultivé pourra faire retour à l'Etat sur simple décision administrative. Le terrain concédé ne pourra être aliéné qu'à partir du moment où il sera soumis à l'impôt.

Art. 4. — Les pétitionnaires adresseront leur demande au Résident de la province où sera situé le terrain ; elle contiendra l'indication de la contenance et de l'abornement et un croquis approximatif de la parcelle demandée ; elle devra être appuyée d'un certificat du maire visé par le chef du canton, attestant que le terrain appartient à l'État.

Art 5. — Il sera tenu, dans chaque résidence, un registre destiné à l'inscription des concessions accordées et un titre de propriété sera établi par le Résident et envoyé au visa du Gouverneur de la province qui l'inscrira lui-même sur un registre et le retournera à la Résidence, pour être remis au pétitionnaire.

Art. 6. — La concession sera immédiatement inscrite au rôle

du village avec l'indication de la date à partir de laquelle elle sera soumise à l'impôt.

Art. 7. — Le Résident général en Annam et au Tonkin est chargé de l'exécution du présent arrêté.

Hanoi, le 7 juillet 1888.

Le Gouverneur général p. i.,
RICHAUD.

M. Parreau, Résident général p. i. de la République française en Annam et au Tonkin, à M. le Gouverneur général, à Hanoi,

Monsieur le Gouverneur général,

Un des points qui a le plus attiré votre attention et excité votre sollicitude a été la situation fâcheuse et digne d'intérêt où se trouve notre personnel de l'administration civile de l'Annam et du Tonkin. Je ne vous apprendrai rien de nouveau en vous disant que le personnel est inquiet, désorienté, sans foi en l'avenir, sans cohésion, et que la confiance lui fait absolument défaut. C'est la conséquence naturelle des nombreux changements de régime auxquels il a été soumis. Les épreuves par lesquelles il a eu à passer ont été telles que les meilleurs esprits en ont été ébranlés, et beaucoup sont arrivés à cette conviction que ce ne sont pas les bons services qui rapportent le plus.

Il y a là une situation pénible pour le fonctionnaire, dangereuse pour l'administration, qu'il importe de faire cesser au plus tôt. Il importe de mettre le fonctionnaire à l'abri des surprises, de lui donner les garanties qui lui sont dues, la sécurité dont il a besoin, la récompense assurée de ses bons services. Il importe de donner à l'administration un personnel dévoué, attaché à ses devoirs, sur lequel elle puisse entièrement compter.

C'est dans cette pensée que j'ai préparé le projet d'arrêté ci-joint, destiné à réglementer les conditions d'entrée et d'avancement du personnel dans l'administration, les cas de suspension et de révocation, les congés etc., etc. Il complètera l'œuvre que vous avez déjà commencée en envoyant des propositions pour la fixation des pensions de retraite. Je vous demanderai instamment d'insister auprès du Département pour obtenir une solution définitive. Mais comme il y a intérêt à sortir le plus tôt possible de la situation pénible où nous sommes, vous pourriez peut-être, si vous n'y voyez pas d'autre inconvénient, mettre immédiatement le projet en application.

Veuillez agréer Monsieur le Gouverneur général, l'assurance de mon respectueux dévouement.

Hanoi, le 20 juillet 1888.

E. PARREAU.

ARRÊTÉ

Le Gouverneur général *p. i.* de l'Indo-Chine, officier de la Légion d'honneur et de l'instruction publique,

Vu les décrets des 17 octobre et 12 novembre 1887, réglant l'organisation administrative de l'Indo-Chine et les pouvoirs du Gouverneur général,

Sur la proposition du Résident général,

ARRÈTE :

Article premier. — Le personnel affecté à l'administration des affaires civiles et indigènes en Annam et au Tonkin, se compose :

De résidents de 1re classe et de 2e classe, de vice-résidents de 1re classe et de 2e classe, de chanceliers et de commis de résidence, de commis auxiliaires de résidence.

Recrutement

Art 2. — Les candidats à des emplois quelconques de cette administration doivent réunir les conditions ci-après désignées :

Être âgés de 20 ans au moins et de 30 ans au plus et avoir satisfait à la loi sur le recrutement.

Leurs demandes doivent être accompagnées des pièces suivantes :

1º Une expédition authentique de l'acte de naissance du candidat avec la constatation de sa qualité de Français.

2º Les commissions, diplôme ou certificat établissant sa situation.

3º L'extrait de son casier judiciaire. ;

4º Un certificat de bonne vie et mœurs ;

5º Un certificat constatant, s'il y a lieu, qu'il a satisiait à la loi du recrutement.

Art 3. — Les commis auxiliaires de Résidence devront, pour être titularisés dans leur emploi, subir avec succès un examen d'instruction générale dont le progamme sera fixé ultérieurement.

Ceux qui, dans le délai d'un an, n'auront pas été reçu à cet examen seront de droit licenciés.

Les commis de Résidence de 3e classe sont c oisis : 1º parmi les commis auxiliaires de résidence, comptant une année de service effectif dans cette qualité.

2º Parmi les sous-officiers appelés aux emplois civils par application des lois du 24 juillet 1873 et 23 juillet 1881. Ces candidats pourront se présenter directement à l'examen indiqué plus haut et s'ils le subissent avec succès être nommés immédiatement commis de résidence de 3e classe. Ils devront fournir, en outre des pièces mentionnées à l'art. 2, leur certificat de libération et leur certificat de bonne conduite.

3º Parmi les candidats pourvus du diplôme de bachelier ès lettres ou bachelier ès sciences; du brevet de l'enseignement supérieur ou du diplôme de fin d'études de l'enseignement secondaire spécial.

Art. 4. — Les commis de résidence de 2e classe sont choisis :

1º Parmi les jeunes gens bacheliers ès lettres et bacheliers ès sciences ;

2º Parmi les officiers sortant de l'école polytechnique, de l'école de Saint-Cyr, de l'école Navale ;

3º Parmi les licenciés en droit et les élèves de l'école centrale pourvus d'un brevet d'ingénieur civil ;

4º Parmi les officiers des différents corps de la marine, bacheliers ès lettres ou ès sciences et comptant une année de séjour au Tonkin ;

5º Parmi les commis de résidence de 3e classe comptant dix-huit mois de services effectifs dans leur classe. La moitié des emplois vacants leur sera réservée.

Art. 5. — Les commis de résidence de 1re classe sont choisis parmi les commis de résidence de 2e classe comptant dix-huit mois de services effectifs.

Art. 6. — Les chanceliers de résidence sont choisis : 1º parmi les commis de résidence de 1re classe comptant dix-huit mois de services effectifs et ayant justifié de leur capacité administrative par un examen dont le programme sera déterminé ultérieurement par un arrêté du Gouverneur général ; 2° parmi les candidats justifiant du diplôme de docteur en droit.

Ces emplois sont conférés : 1/3 à l'ancienneté et 2/3 au choix aux commis de résidence de 1re classe. Le tiers des places réservées au choix peut être donné à des docteurs en droit.

Art. 7. — Les vice-résidents de 2e classe sont choisis parmi les chanceliers de résidence comptant deux années de service effectif dans leur grade et justifiant de la connaissance de la langue annamite.

Art. 8. — Les vice-résidents de 1re classe sont choisis parmi les vice-résidents de 2e classe comptant deux années de service effectif dans leur classe.

Art. 9. — Les résidents de 2e classe sont choisis parmi les vice-résidents de 1re classe comptant trois années de service effectif dans leur classe.

Art. 10. — Les résidents de 1re classe sont choisis parmi les résidents de 2e classe comptant deux années de service dans leur classe.

Art. 11. — En cas de vacances dans les emplois ci-dessus, et à défaut de candidats réunissant les conditions exigées, le Gouverneur général pourvoira aux dites fonctions par la désignation d'intérimaires. Ils toucheront une indemnité égale à la moitié de la différence des deux traitements.

Art. 12. — Les emplois de commis auxiliaires de résidence et de commis de résidence de 3e classe sont à la nomination du Résident général. Ceux de commis de résidence de 2e et de 1re classe, de chancelier, à la nomination du Gouverneur général.

A partir du grade de vice-résident les fonctionnaires peuvent être nommés provisoirement par le Gouverneur général, mais ils doivent être confirmés dans leur grade et classe par décret.

Art. 13. — La situation des officiers de différents corps de la marine détachés dans les services administratifs de l'Annam et du Tonkin continue à être réglée par les décrets des 5 juillet 1875 et 2 octobre 1878, 20 septembre 1885 et 12 juin 1886.

Congés et discipline

Art. 14. — Chaque période de trois ans consécutifs passée dans la colonie confère aux fonctionnaires et employés d'origine non asiatique le droit à un congé de six mois avec solde entière d'Europe. Les traversées d'aller et retour ne sont pas comprises dans la durée du congé.

Toute prolongation de congé entraîne cessation d'appointements, sauf le cas de maladie dûment constaté. Il est fait alors application des décrets des 1er juin 1875, 17 août 1879 et 27 janvier 1881.

Art. 15. — En cas de faute grave les fonctionnaires et employés peuvent être suspendus et révoqués.

A partir du grade de commis de résidence de 2e classe la suspension est prononcée par le Gouverneur général sur la proposition du Résident général, le Ministre de la marine en fixe la durée.

Pour les emplois inférieurs à celui de commis de résidence de 2e classe, la suspension est prononcée par le Résident général.

La révocation des vice-résidents et résidents est prononcée par décret ; celle des chanceliers et commis de résidence de 1re classe est prononcée par le Ministre de la marine et des colonies sur le rapport du Gouverneur général et après enquête ;

Celle des autres employés, par le Gouverneur général également, après enquête ;

Art. 16. — Tous les six mois, une commission se réunira pour examiner les candidats qui désireront subir l'examen sur la langue annamite ou la langue chinoise prévu par l'arrêté du 9 août 1886.

Art. 17. — Sont abrogées toutes les dispositions contraires au présent arrêté :

Disposition transitoire

Art. 18. — Toutes les nominations faites conformément aux prescriptions des décrets des 20 novembre et 12 avril 1888 sont maintenues. Celles qui ont été faites contrairement à ces décrets seront soumises au Ministre de la marine et confirmées, s'il y a lieu, par décret.

Jusqu'au 1er janvier 1889, des avancements pourront être donnés à des fonctionnaires et employés qui ne compteront pas dans leur grade le temps de service exigé par le présent arrêté.

Hanoi, le 20 juillet 1888.

RICHAUD.

*M. Parreau, Résident général p. i., de la République française
en Annam et au Tonkin, à M. le Gouverneur général de
l'Indo-Chine à Hanoi.*

Monsieur le Gouverneur général,

J'ai l'honneur de soumettre à votre haute approbation certaines mesures qu'il me semble indispensable de prendre pour apporter un peu d'ordre et de régularité dans l'assiette et le recouvrement de l'impôt annamite,

J'estime tout d'abord qu'il est essentiel de mettre de sérieux moyens de contrôle entre les mains des résidents ou vice-résidents, chefs de poste, qui, aux termes de l'article 11 du traité du 6 juin 1884, doivent au Tonkin « centraliser, avec le concours des quan-bo, le service de l'ancien impôt dont ils surveilleront la perception et l'emploi. »

Jusqu'à ce jour, les différents impôts annamites perçus par les autorités indigènes sont réalisés, en majeure partie, en ligatures qui sont centralisées dans les caisses des trésors provinciaux dont les quan-bo sont les dépositaires ; les piastres seules sont versées, dans un délai plus ou moins long, au trésor, par les soins des résidents. Les sommes résultant de ces derniers versements sont seules prises en charge dans les écritures du payeur, et les sapèques restent dans les magasins provinciaux, sans figurer dans les recettes du trésor,

Il en résulte une différence notable, qu'il y a lieu d'estimer à plusieurs millions, entre nos prévisions budgétaires et les recettes du Trésor français, différence qui vient s'ajouter aux déficits trop réels de nos budgets antérieurs et en augmenter en apparence, mais indûment, le chiffre. Je pense qu'il y aurait lieu de demander à M. le Payeur, chef du service de la Trésorerie, de faire recette de l'impôt annamite en quelque monnaie qu'il soit versé, au fur et à mesure des recouvrements.

Pour cela, les résidents devraient établir très régulièrement, à des époques déterminées, mensuellement par exemple, la situation de l'encaisse en ligatures. Cette situation produite au payeur lui permettrait de prendre en charge, dans ses écritures, le montant de cette encaisse, le Résident restant entièrement responsable de l'exactitude du numéraire.

Ces dispositions, il ne faut pas se le dissimuler, donneront lieu encore à des inconvénients qui ne pourraient être évités qu'en exigeant de la population indigène le versement total de l'impôt en piastres. Mais il serait impolitique de prendre, dès maintenant, cette mesure qui, en avilissant le cours de la ligature, seule monnaie d'échange dans bien des villages, créerait un accroissement de charge à l'Annamite obligé de se procurer des piastres à un taux très élevé. Il est à craindre que la population, d'ici à quelque temps encore, ne voie dans cette exigence une charge trop lourde, et qu'une pareille mesure n'excite de graves mécontentements.

Cependant, après avoir pris l'avis du Kinh-luoc et d'autres mandarins compétents, je juge qu'on pourrait, dès l'année 1889, exiger le versement en piastres des deux tiers de l'impôt. La part de l'impôt perçu en ligatures continuerait à être centralisée dans des magasins spéciaux et à servir au paiement de la solde des fonctionnaires indigènes et de leurs milices, des secours et prélèvements accordés ou autorisés, etc. Mais, de même que la prise en charge de la recette dans les comptes du budget du Protectorat devra être effective, de même il y aurait lieu de procéder à un mandatement régulier de ces dépenses. On opérerait de la manière suivante :

Les Résidents feraient parvenir au bureau de l'ordonnancement les états de solde ou autres états de dépenses autorisées, qui seraient régulièrement ordonnancées au nom d'un agent de payement à désigner. Le titulaire du mandat se présenterait au Trésor ou à la caisse d'avances; il l'acquitterait et recevrait en échange, du payeur ou du gérant de caisse, une quittance qui lui permettrait de prendre, à la caisse provinciale, la quantité de ligatures correspondante au montant de sa créance.

Pour permettre à la Résidence générale de suivre l'établissement de l'impôt annamite, pour établir un moyen efficace de contrôle et, en rassurant le contribuable, apporter de l'ordre et de la régularité dans la perception, les rôles établis en annamite devraient être traduits en français et adressés en triple expédition à l'approbation du Résident général. Une des expéditions serait retournée au Résident de la province; l'autre serait envoyée au Payeur, la troisième resterait à la Résidence générale. En ce qui concerne le détail de la perception, voici ce qui aurait lieu : l'impôt ne pourrait plus être versé par les maires de village qu'au chef-lieu de la résidence ou dans les phus, les piastres entre les mains du Résident ou de ses délégués, les ligatures entre les mains du Quan-bo ou de ses délégués. Chaque fois, la partie prenante inscrirait la somme perçue sur une carte-quittance, dont devrait être muni le maire de chaque village par les soins du Quan-bo. Le reçu ainsi donné par l'une des autorités, devrait être soumis immédiatement au visa de l'autre. Cette carte serait remise à tous les maires au commencement de l'exercice ; elle serait valable pendant un an et servirait à recevoir l'inscription des diverses sommes versées par le village au titre de l'impôt indigène. Au fur et à mesure, les Résidents tiendraient compte sur un livre *ad hoc* des diverses inscriptions des cartes-quittances. La totalisation sur ce livre des diverses inscriptions donnerait, à un moment quelconque, la situation de la rentrée de l'impôt.

Les ligatures resteraient confiées à la garde des quan-bo dans les magasins provinciaux ; caisses et magasins auraient une double clef dont l'une resterait aux mains des Résidents et l'autre des quan-bo. Cette façon de procéder, en permettant aux Résidents et Vice-résidents de remplir plus étroitement les devoirs qui leur sont imposés par le traité, me paraît seule, quant à présent, de nature à sauvegarder d'une façon efficace les intérêts du budget du Protectorat. Elle démontrera, en outre, aux indigènes, la sollicitude de l'administration française pour tout ce qui touche à leurs intérêts, en leur faisant voir que notre intervention dans la juste perception de l'impôt, a principalement pour but de les bien fixer sur les sommes qu'ils ont à payer et de les mettre à l'abri des exactions dont ils sont trop souvent victimes.

Veuillez agréer, Monsieur le Gouverneur général, l'assurance de mon respectueux dévouement.

PARREAU

ARRÊTÉ.

Le Gouverneur général de l'Indo-Chine, officier de la Légion d'honneur et de l'Instruction publique,

Vu la lettre du Résident général ;
Vu les coutumes locales ;
Sur la proposition du Résident général.

ARRÊTE :

Article premier. — § 1er. Tous les ans, chaque résident ou vice-résident chargé de la direction d'une province, fait établir, avec l'aide du quan-bo, un projet, en français et en annamite, du rôle de l'impôt indigène pour l'exercice suivant. L'impôt est décompté en ligatures.

§ 2. — Le projet, dressé en français, est transmis en triple expédition au Résident général avant le 1er septembre, pour approbation.

§ 3. — Après approbation, une des expéditions est retournée au résident de la province, une autre est envoyée au payeur chef du service du Tonkin, la troisième reste à la résidence générale.

Art. 2. — § 1er. L'impôt annamite sera perçu jusqu'à nouvel ordre : deux tiers au moins en piastres, le reste en ligatures.

§ 2. — Dans les provinces où le numéraire piastres serait momentanément rare, le Résident général, sur la proposition du résident de la province, pourra autoriser qu'il soit dérogé au § 1er du présent article.

Art. 3. — Au commencement de l'exercice, chaque maire de village est mis en possession par le quan-bo de deux cartes-quittances du modèle ci-joint et destinées à recevoir, pendant l'année, par les soins des autorités compétentes, l'inscription faite à mesure, des diverses sommes payées par le village au titre de l'impôt annamite. L'une des cartes sera pour l'impôt des villages proprement dit, l'autre pour les taxes diverses.

Art. 4. — § 1er. L'impôt indigène est reçu :

1° Au chef-lieu de la résidence, par le résident ou par le quan-bo, suivant le cas ;

2° Dans chaque phu, par le délégué du résident ou par celui du quan-bo, suivant le cas.

§ 2. — Le quan-bo et ses délégués reçoivent la partie de l'impôt qui est payée en ligatures.

Ils la versent immédiatement dans les caisses des trésors provinciaux dont le résident et le quan-bo ont chacun une clé.

§ 3. — Le résident et ses délégués dans les phus reçoivent la partie de l'impôt qui est payée en piastres.

Elle est versée provisoirement dans la caisse du résident dont celui-ci et le quan-bo ont chacun une clé.

§ 4. — Tout versement, qu'il soit effectué en ligatures ou en piastres, donne lieu de la part de celui qui le reçoit à une inscription conforme sur la carte-quittance. Cette inscription constitue reçu pour la partie payante.

L'inscription faite par l'une des autorités devra immédiatement être soumise au visa de l'autre.

Art. 5. — § 1er. Du 1er au 10 de chaque mois, le résident de la province verse dans les caisses du Trésor toute la recette en piastres disponible du mois précédent.

§ 2. — Dans les mêmes délais, il fait également parvenir au Résident général et au payeur, chef du service du Tonkin, une situation de la recette en ligatures pendant le même mois. Il reste responsable de l'exactitude des situations qu'il fournit.

Art. 6. — § 1er. Toutes les dépenses payées aujourd'hui directement par les caisses des trésors provinciaux seront désormais ordonnancées en ligatures par le Résident général. Les pièces de dépenses devront lui être adressées en temps utile par les résidents.

§ 2. — Les mandats seront établis au nom du résident de la province.

§ 3. — Ces mandats, acquittés, seront échangés aux caisses de trésor du Protectorat contre des quittances d'égal nombre de ligatures souscrites par le comptable au titre de l'impôt indigène.

Ces quittances, placées et conservées dans les caisses des trésors provinciaux, justifieront de la sortie régulière des ligatures.

§ 4. — Dans les cas urgents, le résident de la province pourra payer sans attendre le reçu du trésor. La régularisation aura lieu ultérieurement.

§ 5. — Pour faire entrer les opérations du présent article dans les écritures du trésor, le payeur transformera les ligatures en piastres suivant un taux qui sera fixé par le Résident général, d'après la moyenne des six derniers mois.

Art. 7. — Le trésor, dans un compte à part, suivra les opérations des caisses des trésors provinciaux au moyen des situations mensuelles fournies par les résidents et des mandats ordonnancés par le Résident général.

Art. 8 — Le Résident général en Annam et au Tonkïn est chargé de l'exécution du présent arrêté.

Hanoi, le 21 juillet 1888.

RICHAUD.

M. Parreau, Résident général p. i. de la République française en Annam et au Tonkin, officier de la Légion d'honneur,

A M. le Gouverneur général de l'Indo-Chine, à Hanoi.

Hanoi, le 19 juillet 1888.

Monsieur le Gouverneur,

En arrivant au Tonkin, vous avez été frappé, comme moi, de l'essor merveilleux pris par les villes de Haiphong et de Hanoi, de l'esprit de suite qu'il témoigne de la part de nos nationaux et de la confiance en l'avenir qu'il dénote. Cette admirable confiance, au milieu de nos instabilités administratives, l'effort énorme qui a été produit et qui, certainement, a consolidé notre Protectorat, vous ont immédiatement convaincu que cette vaillante population était mûre depuis longtemps pour la vie municipale, et méritait mieux qu'une Commission consultative comme celle qui fonctionne actuellement et qui remonte à l'arrivée de Paul Bert, en 1886. Vous n'avez pas hésité, dès lors, à prendre en considération le vœu qu'elle vous exprimait, et à transformer cette Commission consultative rudimentaire en une véritable assemblée municipale ayant sa vie propre, son budget et la gestion de ses propres affaires.

Pour répondre le plus tôt possible à ses impatiences légitimes, vous avez, dès le lendemain de votre arrivée, chargé une commission d'élaborer un projet, et vous m'avez prié de déposer des propositions définitives en m'entourant des lumières de cette Commission.

C'est ce qui fait l'objet du projet que j'ai l'honneur de soumettre en ce moment à votre approbation.

Ce projet ne diffère, en réalité, de nos institutions municipales françaises qu'en ce qui concerne l'électorat. Comme vous avez pris soin de l'expliquer aux membres des Commissions consultatives, le moment ne paraît pas encore venu d'avoir recours à ce mode de nomination des conseillers municipaux. Leur désignation par l'autorité centrale donnera, sans nul doute, la représentation des plus gros intérêts des deux villes, tandis qu'il pourrait en être autrement avec l'électorat, ce qui serait de nature à compromettre gravement l'institution naissante.

Le maire, dans ces conditions, et pour plusieurs autres considérations, ne pouvait être autre que le Résident. Lui seul a, pour le moment, l'autorité nécessaire pour représenter à la fois le pouvoir central et le pouvoir municipal, pour agir utilement sur la population indigène et étrangère, et enfin pour servir d'intermédiaire, aux termes du traité de 1884, entre la population européenne et les mandarins annamites.

Le Résident-maire n'aurait, dans son rayon, d'action que le territoire municipal, le reste serait du ressort du Résident de la province. Il est bien évident, en effet, qu'avec l'importance actuelle de Hanoi et de Haiphong, importance qui n'ira qu'en grandissant, un seul fonctionnaire ne peut plus s'occuper utilement à la fois de la ville et de la province. Il ne peut donner tous ses soins à l'une sans négliger l'autre. Ce n'est pas d'aujourd'hui d'ailleurs que le besoin de cette disjonction se faisait sentir.

Le territoire municipal de Haiphong devant comprendre plusieurs villages annamites et celui de Hanoi un très grand nombre, il m'a paru utile et équitable de ne pas écarter complètement du Conseil l'élément indigène. Il y a là des intérêts sérieux et respectables dont il faut tenir compte, et il paraîtrait bizarre, quand la moindre bourgade du Tonkin a son Conseil de notables, que des villes comme Haiphong et Hanoi, où les intérêts annamites sont des plus considérables, n'aient dans le Conseil personne pour les représenter.

Il y a d'ailleurs un autre intérêt de premier ordre à adjoindre quelques indigènes à nos conseillers français. La plupart des mesures qui seront prises par les assemblées municipales toucheront de près ou de loin la population annamite, et il ne sera pas oiseux que les membres indigènes soient là pour en expliquer à leurs compatriotes l'économie et l'utilité, pour en prendre euxmêmes leur part de responsabilité.

Enfin, il ne faut pas oublier que nous sommes en pays de protectorat et que nous nous trouvons en présence de légitimes susceptibilités qu'il convient de ménager.

En raison de ces considérations, je propose d'adjoindre deux indigènes, pris parmi les plus imposés, au conseil de Haiphong, et quatre à celui de Hanoi.

En ce qui concerne les moyens budgétaires mis à la disposition des nouvelles municipalités, ils consistent, quant à présent, en raison de la pénurie extrême du budget du Protectorat, en un équilibre de charges et de recettes à peu près égales, de manière que la nouvelle institution ait les éléments indispensables à son fonctionnement. Les villes auront d'ailleurs la faculté de s'imposer, en se conformant aux règles prescrites, pour se créer des ressources nouvelles qui leur appartiendront en propre.

Comme mesure transitoire, et pour ne pas ajouter de nouvelles complications à notre budget, j'ai cru utile de remettre au 1er janvier prochain la mise en œuvre des budgets réguliers des nouvelles municipalités, qui auront, du reste, à s'occuper immédiatement de leur préparation pour 1889. D'ici à cette époque, on continuera à avoir recours, comme par le passé, aux voies et moyens du budget du Protectorat, et les conseils n'auront à leur disposition que les produits des taxes, centimes additionnels, etc. dont ils croiraient devoir s'imposer immédiatement.

Enfin, quoique le projet n'en fasse pas mention, je crois devoir dire un mot de la ques ion du local, qui a son importance. En attendant la construction d'hôtels-de-ville, ce qui sera sans doute l'une des premières préoccupations de nos édiles, je suis d'avis que les services municipaux, en même temps que le service judiciaire, soient installés dans les résidences actuelles qui leur seraient prêtées temporairement.

La résidence de la province de Hanoi serait transportée dans l'intérieur, comme cela a lieu en Cochinchine, au grand bénéfice du service provincial, de l'extension de notre influence, du développement de la surveillance et de la pénétration effective du pays.

E. PARREAU.

ARRÈTE

Le Gouverneur général de l'Indo-Chine française, officier de la Légion d'honneur et de l'Instruction publique,

Vu les décrets des 17 octobre et 12 novembre 1887, réglant l'organisation administrative de l'Indo-Chine et les pouvoirs du Gouverneur général ;

Vu l'arrêté en date du 8 janvier et ceux des 1er et 29 mai 1886, organisant les Commissions municipales consultatives des villes de Hanoi et de Haïphong ;

Vu les vœux formulés par les membres desdites Commissions et ceux des Chambres de commerce à l'effet de voir créer dans ces localités des Conseils municipaux régulièrement constitués ;

Sur la proposition du résident général *p. i.*,

Arrête :

TITRE PREMIER.

DE LA CONSTITUTION DU CORPS MUNICIPAL ET DU MODE DE NOMINATION DE SES MEMBRES.

Article premier. — Il est institué, dans chacune des deux villes de Hanoi et de Haiphong, une municipalité composée d'un maire et de 16 conseillers pour la première, et, pour la seconde, d'un maire et de 14 conseillers.

Art. 2. — Les fonctions de Maire seront remplies par le Résident de France.

Art. 3. — Les conseillers seront choisis parmi les Français et Annamites âgés de plus de 25 ans, jouissant de tous leurs droits civils et politiques et ayant au moins six mois de résidence dans la localité. Les conseillers annamites pris parmi les plus imposés, seront au nombre de quatre pour Hanoi et de deux pour Haiphong.

Art. 4. — Ne pourront faire partie du Conseil municipal ;

1º Les fonctionnaires publics ;
2º Les agents salariés de la commune ;
3º Les militaires et les marins en activité de service ;
4º Les entrepreneurs de services communaux permanents ;

Art. 5. — Le mandarin chef de l'administration indigène local et le chef de la congrégation Chinoise pourront être appelés et entendus par le Conseil municipal chaque fois qu'il le jugera convenable.

Art. 6. — Les conseillers sont nommés par le Résident général.

Quatre d'entre eux, au moins, seront choisis dans la Chambre de commerce.

La durée de leurs fonctions est fixée à trois ans.

Art. 7. — Deux adjoints seront nommés par le Résident général sur la proposition du Conseil municipal.

Art. 8. — Les fonctions d'adjoint et de conseiller municipal sont gratuites.

Il sera alloué au Maire, pour frais de représentation et pour sccours d'extrême misère, une indemnité dont le chiffre sera fixé par le Résident général et qui sera supportée par le budget municipal.

TITRE II

DE L'ADMINISTRATION MUNICIPALE

Le reste de l'arrêté reproduit les dispositons de la loi Municipale de France.

ARRÊTÉ

Concernant l'organisation des réserves indigènes en Indo-Chine.

Le Gouverneur général *p. i.* de l'Indo-Chine, officier de la Légion d'honneur et de l'Instruction publique,

Vu les décrets des 2 décembre 1879 (création d'un régiment de tirailleurs annamites), 12 mai 1884, 2 avril et 28 juillet 1885 (création des régiments de tirailleurs tonkinois), 14 mai 1886 (création des bataillons de chasseurs annamites);

Vu le règlement du 4 décembre 1879 relatif au régiment de tirailleurs annamites;

Vu l'arrêté du 10 février 1886 relatif au recrutement des indigènes tonkinois;

Vu la décision du 30 septembre 1886 relative aux bataillons de chasseurs annamites;

Conformément aux propositions de M. le Général commandant en chef les troupes de l'Indo-Chine,

ARRÊTE :

Les réserves indigènes en Indo-Chine seront organisées conformément aux dispositions ci-après :

CHAPITRE PREMIER

Article premier. — La réserve des troupes indigènes en Indo-Chine, comprend :

1° Un cadre d'officiers de réserve (Cochinchine seulement);

2° Les hommes de troupe qui ont terminé leur temps de service dans l'armée active.

CHAPITRE II.

CADRE DES OFFICIERS DE RÉSERVE

Dispositions spéciales à la Cochinchine.

Art. 2. — Ce cadre comprend :

Les officiers indigènes retraités ou démissionnaires n'ayant pas atteint l'âge de 40 ans ;

Les sous-officiers ayant accompli quinze années de service dans l'armée active ;

Les engagés volontaires ayant accompli cinq années de service dans l'armée active et pourvus du grade de sous-officier, s'ils sont proposés pour l'emploi et s'ils justifient des conditions d'aptitude à déterminer.

Art. 3. — Les officiers du cadre de réserve ne sont convoqués qu'en cas de guerre et par un ordre du Gouverneur général. Ils sont nommés par le Gouverneur général, sur la proposition du Général commandant en chef.

Ils sont classés et affectés d'avance à une compagnie du régiment de tirailleurs annamites.

A l'expiration de leur temps de service dans la réserve, ils sont rayés des cadres, à moins qu'ils ne demandent à être maintenus.

Cette demande est soumise à l'approbation du Gouverneur général qui décide.

CHAPITRE III.

HOMMES DE TROUPE

Art. 4. — La réserve des troupes indigènes comprend tous les militaires libérés du service actif, sauf les exceptions indiquées ci-après.

Art. 5. — Sont dispensés du service dans la réserve :

1° Les hommes réformés pendant leur service actif ou reconnus impropres au service ;

2° Les hommes qui ont accompli, par suite de rengagements, cinq ans et plus de service actif à l'exception de ceux qui peuvent être proposés pour officiers de service.

La durée du service de réserve est de deux ans pour les tirailleurs tonkinois et chasseurs annamites, de trois ans pour les tirailleurs annamites.

Le temps de service comptera à partir du jour de la libération du service actif.

Art. 7. — Le recrutement de la réserve est régional, comme celui de l'armée active Les hommes de la réserve sont classés et affectés à la compagnie de tirailleurs ou de chasseurs où ils ont fait leur service actif.

Ils conserveront leur numéro matricule. Les sous-officiers et caporaux conserveront leurs grades, à moins d'en avoir démérité.

Art. 8. — Les hommes de la réserve ne peuvent être convoqués qu'en cas de guerre, sur un ordre du Gouverneur général.

Art. 9. — Chaque village est responsable de ses hommes de de réserve et ne doit présenter, en cas d'appel, que ceux qui sont inscrits sur les contrôles.

La constatation en sera faite par le maire, puis par le Résident ou administrateur, enfin par le corps dans lequel l'homme a accompli son temps de service.

Toute fraude en matière d'identité exposera son auteur et ses complices aux peines édictées par la loi.

Art. 10. – En cas d'appel, le maire, ou, à défaut, un notable conduira les réservistes du village au chef-lieu de l'arrondissement ou de la province. Après les constatations d'identité, le résident ou administrateur les remettra aux mains de l'autorité militaire.

CERTIFICAT DE PASSAGE ET DE LIBÉRATION

Documents à tenir.

Art. 11. — Chaque homme ayant terminé son temps de service actif, recevra de son corps un certificat de passage dans la réserve, écrit en quoc-ngu et collé sur le livret individuel.

Il déposera son livret accompagné du certificat, entre les mains du maire de son village. Ce livret ne lui sera rendu qu'en cas d'appel et pour la durée de la campagne.

Lorsque l'homme aura terminé son temps de service dans la réserve, le maire adressera au corps, par l'intermédiaire de l'administration ou du résident, le livret sur lequel le corps portera l'inscription constatant la libération définitive. Ce livret, renvoyé ensuite au maire par le même intermédiaire, sera remis à l'homme qui le conservera.

Art. 12. — Les passages dans la réserve sont notifiés, directement par le corps, aux administrateurs ou Résidents qui informent le Gouverneur de la province et qui transmettent les bulletins aux maires des villages qui ont fourni les indigènes. Il en est de même pour les bulletins de libération définitive.

Art. 13. — Chaque compagnie du régiment de tirailleurs tient un contrôle de ses réservistes par numéro matricule, classe et année.

. Chaque gouverneur de province tient le même contrôle, les renseignements lui sont fournis par le résident.

Chaque résident ou administrateur tient un contrôle en partie double :

1° Des hommes de l'armée active, en distinguant les appelés et les rengagés ;

2° Des réservistes de son arrondissement ou de sa province également par classe et année.

Enfin chaque maire tient, pour son village, un contrôle semblable à celui de l'administrateur ou résident.

Sur ces différents contrôles sont inscrits tous les renseignements permettant de constater l'identité des réservistes.

Art. 14. — Les mutations des réservistes sont signalées de la manière suivante :

En cas de mort, le maire informe l'administrateur ou le résident, qui prévient le corps. L'homme est rayé des contrôles et n'est pas remplacé.

En cas de changement de domicile, le maire prévient l'administrateur ou le résident en lui envoyant le livret.

L'administrateur ou le résident prescrit les recherches nécessaires et envoie le livret à l'administrateur ou au résident du nouveau domicile. L'homme est rayé sur les anciens contrôles et inscrit sur les nouveaux.

Hanoi, le 19 juillet 1888.

RICHAUD

Le Gouverneur général *p. i.* de l'Indo-Chine française, officier de la Légion d'honneur et de l'Instruction publique,

Vu les décrets des 17 octobre et 12 novembre 1887, portant organisation de l'Indo-Chine et déterminant les attributions du Gouverneur général ;
Vu l'arrêté du 3 juin 1886 créant une Chambre de commerce dans chacune des villes de Hanoi et de Haiphong ;
Vu l'arrêté du 10 décembre 1887, fixant à un an la durée du mandat des membres des Chambres de commerce ;
Vu la nécessité d'assurer le bon fonctionnement de ces Chambres en mettant à leur disposition un budget qui leur appartienne en propre ;
Sur la proposition du Résident général *p. i.* en Annam et au Tonkin,

ARRÊTE :

Article premier. — Il sera pourvu, en principe, aux dépenses des Chambres de commerce de Hanoi et de Haiphong au moyen d'une contribution spéciale sur toutes les patentes des commerçants du Tonkin et portant sur le droit fixe de la patente seulement.

Art. 2. — Les sommes provenant de cette contribution seront réparties par moitié entre les Chambres de Hanoi et de Haiphong.

Art. 3. — Un arrêté fixera, chaque année, le montant de ce droit qui s'ajoutera au principal de la patente et sera recouvré en même temps et sur le même rôle.
Il sera de 2 centimes par franc pour l'année 1889.

Art. 4. — Le produit de la dite contribution sera mis trimestriellement, sur mandat du Résident général en Annam et au Tonkin, à la disposition des Chambres de commerce.

Art. 5. — Le Résident général en Annam et au Tonkin est chargé de l'exécution du présent arrêté.

Hanoi, le 21 juillet 1888.

RICHAUD.

Le Gouverneur général p. i. de l'Indo-Chine à Monsieur le Président de la Chambre de commerce à Hanoi.

Monsieur le Président,

Pour répondre au vœu formulé par la Chambre de commerce, j'ai pris un arrêté pour créer au Tonkin deux conservations d'hypothèques, à Hanoi et à Haiphong, afin de permettre le fonctionnement du régime hypothécaire.

Mais comme il s'agit d'une véritable création et que je ne me crois pas le droit de légiférer en ces matières sans l'autorisation du Ministre, j'ai réservé l'application de mon arrêté jusqu'au moment où le Ministre m'aura notifié son approbation.

J'envoie, par ce courrier, au Département, l'arrêté pris par moi et j'insiste sur le grand intérêt qu'il y a pour la colonie européenne à l'appliquer le plus tôt possible.

Veuillez agréer, Monsieur le Président, l'assurance de ma considération la plus distinguée.

RICHAUD.

Hanoi, le 11 juillet 1888.

Le Gouverneur général de l'Indo-Chine à Monsieur le Président de la Chambre de commerce à Hanoi.

Monsieur le Président,

Vous avez bien voulu me transmettre un vœu de la Chambre de commerce tendant à ce que les droits de consommation sur les alcools ne soient plus payés à Haiphong mais soient réglés à Hanoi suivant le mode en vigueur pour les droits d'importation.

Je suis heureux de vous faire connaître qu'il va être donné incessamment satisfaction à ce vœu. M. le Directeur général des douanes et régies, invité en effet à examiner cette question, ne voit aucun inconvénient à l'adoption de la mesure demandée; il a, en conséquence, donné des ordres pour que le service de la douane de Haiphong procède désormais, pour l'acquittement des droits de consommation sur les alcools, comme il le fait déjà pour les droits d'importation.

Veuillez agréer, Monsieur le Président, l'assurance de ma considération la plus distinguée.

RICHAUD.

ARRÊTÉ

Le Gouverneur général de l'Indo-Chine, officier de la Légion d'honneur et de l'Instruction publique.

Vu les décrets des 17 octobre et 12 novembre, relatifs à l'organisation administrative de l'Indo-Chine ;

Vu le budget général de l'Indo-Chine délibéré en Conseil supérieur et arrêté le 18 janvier 1888 ;

Vu le décret du 12 mai 1888 supprimant le budget général de l'Indo-Chine ;

Vu le télégramme du 21 mai indiquant les modifications apportées au budget de la Cochinchine, du Cambodge, de l'Annam et du Tonkin, par suite du rattachement à ces différents budgets, des recettes et des dépenses précédemment inscrites au budget général de l'Indo-Chine et fixant le contingent dû par la Cochinchine à la Métropole, pour les dépenses militaires de l'Annam et du Tonkin, à 11.340.000 francs et le montant des avances à faire par ce pays au Protectorat à 451.000 fr. ;

Vu l'arrêté du 30 mai 1888 arrêtant l'ordonnancement des créances afférentes au budget général, au 31 mai au soir, et fixant l'époque de la clôture des payements à faire sur les mandats dudit budget au 30 juin, à la caisse du Trésorier-payeur, à Saigon, et au 20 juin, aux caisses des autres comptables ;

Vu l'arrêté du 30 mai indiquant les nouvelles charges qui incombent, par suite du décret du 12 mai 1888, aux budgets cités plus haut, et de quelles ressources ils peuvent disposer pour y faire face ;

Vu l'arrêté du 31 mai ouvrant au Commissaire général, chef des services administratifs militaires et maritimes, un crédit de 18.791.500 fr. ou, en piastres, à 3 fr. 80, une somme de 4.945.184 piastres, à l'effet d'assurer le payement des dépenses militaires et maritimes du Protectorat de l'Annam et du Tonkin pendant les six premiers mois de l'année 1888, ces sommes représentant exactement la moitié de la somme des crédits suivants inscrits au budget général :

1o 27.920.478 fr. 32 pour les dépenses militaires de l'Annam et du Tonkin;
2o 9.663.000 fr. pour les dépenses maritimes de ce même pays.

Vu la dépêche ministérielle du 26 mai complétant les indications données par les télégrammes du 21 mai et le décret du 12 mai, et arrêtant le budget du Protectorat de l'Annam et du Tonkin en recettes et en dépenses à 54.424.583. fr. 72 ;

Vu le tableau annexé à la dite dépêche fixant la subvention métropolitaine à 19.800.000 fr. au lieu de 20.000.000 fr. chiffre inscrit au budget général et prescrivant que des économies égales à la différence seront effectuées sur les services civils du Protectorat.

Vu la dépêche télégraphique du 26 mai, par laquelle le ministre fait connaître: 1o qu'il y a lieu d'adopter, pour l'année courante, le taux de 4 francs pour la conversion en piastres des sommes destinées au paiement des dépenses militaires, et d'inscrire au budget les crédits nécessaires en vue de tenir compte aux troupes de la moins value de la piastre; 2o que, par suite des économies réalisées sur les troupes indigènes de Cochinchine, il y a lieu d'augmenter de 118.000 fr. les avances faites au Tonkin par ce dernier pays.

Vu l'arrêté du 11 juin, relatif au taux à adopter, en conformité des instructions précédentes, dans les payements en piastres à faire aux troupes, européennes et indigènes, ainsi que pour les marchés en cours.

Vu l'arrêté du 22 juillet, complétant celui du 11 juin, en ce qui concerne les dépenses maritimes, et le modifiant d'après les observations auxquelles a donné lieu son application.

Attendu que si le crédit de 4.037.758 fr. 73 inscrit à la 5e division du budget général sous le titre *fonds de réserve communs aux pays de l'Indo-Chine française* doit être transporté au budget du Protectorat, diverses sommes, dont le montant s'élève à 833.755 $ 89 ont été prélevées sur ce crédit par les arrêtés suivants :

1o Arrêté du 28 février. — Ouverture d'un crédit de 1.156.586 fr. 96 ou

292.806 $ 87 au taux de 3 fr. 95, pour couvrir l'excédent des dépenses des services militaires pendant le mois de février.

2° Arrêté du 16 juin. — Ouverture d'un crédit de 1.850.000 fr. ou au taux de 3 fr. 80 = 486.850 $ pour l'acquittement des dépenses résultant de l'entretien des chasseurs annamites ;

3° Arrêté du 9 avril. — Ouverture d'un crédit de 100.000 fr. ou au taux de 3 fr. 85 = 25.974 $ 02 pour travaux du Mang-ca et la construction de la route de Tourane à Hué ;

4° Arrêté du 14 juin 1888. — Ouverture d'un crédit de 51.500 fr. ou au taux de 4 fr. = 12.875 $ pour les mêmes travaux.

5° Arrêté du 30 juin 1888. — Ouverture d'un crédit de 11.750 $ pour la route de Hanoi à Lang-son.

6° Arrêté du 30 juin 1888. — Ouverture d'un crédit de 3.500 $ pour la construction d'un pavillon à l'hôpital de Tourane.

Attendu, d'autre part, que le crédit de 486.850 $, ouvert par arrêté du 16 juin 1888 pour l'entretien des chasseurs annamites est insuffisant et qu'il est nécessaire de l'augmenter de 93.026. $ 30.

Attendu qu'en plus du crédit de 25.974 $ 02, ouvert par arrêté du 9 avril pour les travaux de la route de Tourane et la concession du Mang-ca, il avait été dépensé antérieurement une somme de 90.386 fr. 96, ou, au taux de 3 fr. 95, 22.882 $ 77 qui n'avait fait l'objet d'aucune ouverture de crédit.

Qu'en conséquence il est nécessaire de diminuer le fonds de réserve du montant de tous ces crédits, qui seront versés ou ouverts sans exception au chapitre : *services militaires et troupes,* et que, par suite, le fonds de réserve est réduit à 59.920 $ 67.

Attendu que les chapitres du budget du Protectorat relatifs à la police, aux milices, et aux services médicaux sont largement dotés, et qu'il est possible de leur faire supporter les économies prescrites par le Département et équivalentes à la réduction de 200,000 fr. votée par la Chambre des députés sur la subvention métropolitaine.

Attendu que les instructions ministérielles prescrivent l'annulation du contingent de 1.400.000 francs inscrit au chapitre 1er du budget du Protectorat pour être versé au budget général et la suppression du remboursement à la Cochinchine prévu pour 400,000 francs au chapitre XIII du même budget.

ARRÊTE :

Le budget du Protectorat de l'Annam et du Tonkin, pour l'exercice 1888, est arrêté en recettes et en dépenses, au 1er juillet, à 13.606.145 $ 93.

Le budget des recettes est ainsi constitué :

Recettes locales...	4.530.000 $	»
Subvention métropolitaine	4.950.000	»
Contingent de la Cochinchine...	2.835.000	»
Remboursement des dépenses normales de la guerre...	1.000.000	»
Produit des postes et télégraphes...	42.000	»
Avances de la Cochinchine...	142.250	»
Prélèvements sur les crédits précédemment transportés du budget colonial au budget général et non affectés au payement des dépenses militaires de la Cochinchine et du Cambodge..	106.895	.93
TOTAL...	13.606.145 $	93

Le budget des dépenses est établi ainsi qu'il suit :

Chapitre 1er. — Résidence générale .... 94.250 »
— 2 Résidences au Tonkin........... 189.750 »
— 3 Résidences en Annam......... 116.750 »
— 4 Police..................... 65.500 »
— 5 Justice et prisons............ 48.000 »
— 6 Milices.................... 496.005 »
— 7 Trésorerie .... 66.285 »
— 8 Enseignement .... 33.075 »
— 9 Services médicaux........... 17.250 »
— 10 Services des travaux publics.... 90.625 »
— 11 Travaux et voirie............ 294.000 »

Chapitre 12 — Dépenses générales :
Art. 1er .... 56.000 $ »
Art. 2............... 250.000 »
Art. 3............... 96.250 »
Art. 4, comprenant des dépenses imprévues 312.024 08 (294.524 08)........
Art. 5. -Fonds de réserve 59.920 67 } 774.194 75

Chapitre 13. — Administration annamite .... 433.500 »

Chapitre 14 — Services militaires et troupes :
Art. 1er........ 6.447.628 »
Art. 2.......... 1.512.156 52 } 7.929.784 52

Chapitre 15. — Marine..................... 2.415.750 »
— 16. — Douanes et régies............. 207.546 66
— 17. — Postes et télégraphes.......... 333.790 »
Total .... 13.606.145 $ 93

Art. 2. — Le Résident général en Annam et au Tonkin, et le Trésorier-payeur de l'Indo-Chine sont chargés de l'exécution du présent arrêté.

Hanoi, le 24 juillet 1888.

RICHAUD.

VOYAGE ET SÉJOUR

DE

M. RICHAUD

— AU TONKIN —

M. Richaud, résident général de l'Annam et du Tonkin, gouverneur général *p. i.* de l'Indo-Chine, a quitté Saigon, le 20 juin, par le paquebot *Aréthuse*, des Messageries maritimes, pour se rendre au Tonkin.

La plupart des hauts fonctionnaires de Saigon avaient tenu à aller saluer avant son départ le chef de la colonie, et lui donner ainsi une nouvelle preuve de sympathie.

M. Richaud était accompagné de MM. le capitaine Dol et le lieutenant Scal, officiers détachés auprès de lui, de MM. Chesne et Outrey, sous-chefs de son cabinet.

M. Parreau, résident supérieur au Tonkin, arrivé à Saigon deux jours auparavant, partait par le même courrier pour prendre possession de son poste.

De nombreux officiers de tous grades, débarqués les jours précédents des transports le *Bien-hoa* et le *Comorin*, et destinés aux différents ports de l'Annam, avaient également pris passage sur l'*Aréthuse*.

Parmi les voyageurs se trouvaient aussi quatorze Cambodgiens allant à Hanoi, sous la conduite de M. James, professeur à Pnom-Penh, rejoindre M. Pavie, chargé d'une mission dans le Laos.

A huit heures, le commandant Aubert fait lever l'ancre ; vingt-quatre heures après, le paquebot stoppait dans la baie de Nha-trang.

M. Brière, résident de la province de Thuanh-khanh, est venu saluer le Gouverneur et lui présenter les autorités annamites.

Les mandarins ont apporté, selon l'usage, des fruits au Gouverneur.

Le *Haiphong*, qui a quitté le Tonkin quelques jours avant, est sur rade.

Il apporte au Gouverneur le courrier destiné au Ministre. Le commandant Grégoire, sous-chef d'état-major du général en chef, envoyé au-devant du Gouverneur pour lui souhaiter la bienvenue de la part de son chef, prend passage à bord de l'*Aréthuse*.

M. Brière fait connaître que sa province est très tranquille et qu'il entretient de très bonnes relations avec les autorités annamites.

Le paquebot quitte la baie de Nha-trang à 10 heures et se dirige vers Xuan-day où il arrive vers 3 heures de l'après-midi.

M. Grolleau, vice-résident, et le personnel de la Résidence, M. le commandant Jœger et ses officiers, viennent saluer le Gouverneur général et s'entretenir avec lui des besoins de la province.

Là, comme à Nha-trang, on constate que l'installation des représentants de la France est tout à fait insuffisante. Il serait nécessaire que nos résidents eussent des habitations plus en rapport avec leur situation et qui montreraient nettement aux autorités annamites notre ferme volonté de rester dans le pays.

On admire la baie de Xuan-day admirablement abritée et entourée de coteaux étagés cultivés avec soin et rappelant tout à fait des coteaux français.

Ici, comme à Nha-trang, les mandarins apportent des cadeaux, entre autres un bœuf, que le Gouverneur abandonne aux soldats de la petite garnison.

Mais M. Richaud est attendu le même soir à Qui-nhon; on repart donc et on arrive à destination vers 9 heures du soir.

M. Lemire, résident de la province de Binh-dinh, vient au-devant du Gouverneur général lui offrir l'hospitalité pour la nuit; car l'*Aréthuse* ne doit reprendre sa marche que le lendemain. On accepte l'offre de M. Lemire et M. Richaud et sa suite descendent à terre. Ici l'habitation du Résident est loin de ressembler à celles des résidents de Nha-trang et de Vung-lam; c'est une belle maison carrée, entourée de vérandahs. On descend à terre non sans peine et on se rend chez M. Lemire, qui expose longuement l'état de sa province. La récolte n'a pas été bonne par suite de la sécheresse; les mûriers ont été brûlés, etc., mais c'est une province qui a des produits très riches, on y fait de la soie, du sucre et beaucoup de tourteaux d'arachides; on y fabrique des crépons très recherchés. Après avoir entendu l'exposé des ressources de la province, il est temps d'aller prendre un repos bien mérité.

Le lendemain matin, le Gouverneur général visite les établissements militaires, hôpital, casernes, etc, qui entourent la résidence.

L'hôpital est très suffisant et très convenable. Les troupes sont logées dans des cases annamites suffisantes pour le moment. Après cette inspection, le Gouverneur reçoit les visites des autorités et bientôt après on regagne le bord, en constatant avec peine que la rade de Qui-nhon s'envase et que les paquebots sont obligés de mouiller à deux milles du point de débarquement ; à 10 heures, on accoste l'*Aréthuse*, qui se met en route immédiatement après pour Tourane où nous arrivons le 23, à 3 heures du matin.

M. Hector, résident supérieur et M. Gouin, résident, viennent prendre à bord le Gouverneur général. On descend à terre, les troupes sont sous les armes pour rendre les honneurs ; tous les fonctionnaires et les officiers attendent au débarcadère.

A Tourane, on voit sortir de terre de nombreux bâtiments inachevés que le génie a été obligé d'interrompre par suite du manque de crédit. Un seul de ces bâtiments est achevé : c'est la caserne des troupes européennes.

La rade de Tourane est bien abritée, et c'est certainement ce point qui est destiné à devenir le grand port de l'Annam. Là encore on constate, avec peine, que le logement du résident est tout à fait insuffisant ; c'est une ancienne maison chinoise, basse, qu'on a essayé de transformer à l'européenne.

A 10 heures, l'*Aréthuse* continue sa route. M. le Résident supérieur Hector, et M. Gouin ont pris passage sur ce bateau pour accompagner le Gouverneur général jusqu'à Thuan-an, dernière escale de la côte d'Annam.

C'est une rade foraine où l'accostage des chaloupes est toujours difficile, souvent impossible. Le colonel Pernod, commandant la 3e brigade, est venu se présenter au Gouverneur général et lui exposer l'état d'avancement de la pacification de l'Annam. Le colonel Pernod estime qu'il est possible de réduire progressivement les postes de l'Annam et de concentrer les troupes sur des points de la côte où nous aurons des intérêts à défendre et dont le ravitaillement est facile.

M. Hector, qui, pendant tout le voyage de Tourane à Thuan-an, a exposé au Gouverneur l'état de l'Annam, descend pour rallier Hué.

Le Gouverneur offre aux autorités annamites, comme il l'a fait dans toutes les relâches, du champagne et des gâteaux, et après une heure d'arrêt sur la côte de Thuan-an, l'*Aréthuse* repart pour arriver à Haiphong le 24 juin, à 5 heures de l'après-midi.

ARRIVÉE DE M. RICHAUD A HAIPHONG

Nous empruntons au *Courrier d'Haiphong* le récit de l'arrivée du Gouverneur général :

Samedi matin, arrivait un télégramme de Tourane, annonçant que le paquebot-annexe *Aréthuse*, sur lequel était embarqué M. Richaud, quitterait Tourane à midi pour le Tonkin, et serait à Haiphong dimanche soir, vers 4 heures. On l'attendait un jour plus tard, ne pouvant supposer que le paquebot, avec toutes les escales obligatoires, ne mettrait que quatre jours et quelques heures pour venir de Saigon.

Dimanche, dans la matinée, le *Pluvier*, navire de guerre, quitte Haiphong pour aller au-devant de M. le Gouverneur général et le prendre à bord du courrier.

A 3 heures 45, on affiche à la poste l'avis suivant :

Le courrier entre en rivière.

A ce moment, des fonctionnaires, des officiers en tenue, des colons, arrivent à la résidence, demandant des nouvelles.

On ne sait si M. Richaud sera resté à bord du courrier, ou aura pris place sur le *Pluvier*.

4 heures 30, coup de canon de l'*Adour*. On se précipite sur l'appontement de l'hôpital et les avenues latérales. En ville, du côté des casernes, le clairon sonne, les troupes quittent le quartier et arrivent. Il fait une chaleur du diable.

Entendu d'un voisin la réflexion suivante, toute de saison :

« Nous serons mouillés bien avant le courrier. »

5 heures. « Un grand bateau arrive » dit un agent de police haut perché. Les regards se portent du côté du fort annamite. Une mâture sur l'horizon. Est-ce l'*Aréthuse ?* Est-ce le *Pluvier ?*

Peu à peu arrivent tous les corps constitués : la Chambre de commerce, la Commission municipale, les corps d'officiers, M. Bonneau, directeur des douanes, avec le personnel des douanes ; le personnel de la résidence, les autorités annamites, les divers services, etc. Les troupes se placent sur le quai de la Concession et le boulevard de l'appontement : compagnie d'artillerie, sous le commandement de M. le capitaine Doré ; peloton de la légion étrangère — capitaine Gaillard ; peloton de tirailleurs tonkinois — lieutenant Dauriac. Plus loin une section d'artillerie de marine chargée de rendre les honneurs, sous le commandement du lieutenant Vidal. Les miliciens sont rangés sur le quai de la Concession, près de la résidence.

Des canonnières en rade, les baleinières et les canots se détachent ; les lieutenants de vaisseau accostent à l'appontement de la grande baleinière de l'*Adour,* descend le commandant Cornut-Gentille, capitaine de frégate, commandant en second de la marine, et les officiers de son état-major. Le *Son-tay,* car.ot à vapeur, accoste à son tour, et le commandant Coulombeaud, commandant la division navale, vient se placer à la tête de ses officiers.

Pendant ce temps, l'*Aréthuse* s'approche. Le Gouverneur est à bord, le pavillon bleu du Gouvernement général flotte au mât d'artimon.

5 heures 10. Le courrier passe devant l'appontement. M. de Pincé, résident de France, va au-devant de M. le Gouverneur général. L'*Aréthuse* s'arrête et mouille l'ancre.

5 heures 25. Un canot se détache, M. Richaud se dirige vers l'appontement. A ce moment, la *Comète,* canonnière de haute mer — commandant Martel — tire les salves réglementaires.

5 heures 30. Le canot accoste. M. Richaud débarque sur l'appontement de l'hôpital.

M. le Gouverneur général est en grande tenue, le grand cordon du Dragon de l'Annam en sautoir.

De taille élevée, M. Richaud dépasse de toute la tête ceux qui l'entourent.

M. Parreau, résident supérieur, est auprès de lui. M. Parreau est en redingote avec la rosette d'officier de la Légion d'honneur.

M. de Pincé présente M. Thureau, vice-résident, président du tribunal consulaire.

M. le lieutenant-colonel Leschères. commandant la 8e région, vient, le sabre à la main, saluer le Gouverneur général.

A ce moment, les tambours et clairons battent et sonnent « aux champs ».

M. Richaud passe devant le front des troupes pendant que la section d'artillerie tire 13 coups de canon et que les fonctionnaires annamites brûlent leurs pétards ; puis il entre à la résidence et les troupes défilent devant lui.

Le réception officielle est remise au lendemain matin.

M. Richaud est accompagné de M. le commandant Grégoire, sous-chef d'état-major de M. le général Bégin, qui est allé au devant du Gouverneur jusqu'à Nha-trang ; de M. le capitaine Dol, de M. le lieutenant Scal, de l'infanterie de marine, officiers d'ordonnance, de MM. Outrey et Chesne, sous-chefs de bureau.

M. Alcan, chancelier, accompagne M. Parreau.

Le soir, M. le Résident de Haïphong fait distribuer en ville l'avis suivant :

M. le Gouverneur général *p. i.* de l'Indo-Chine recevra, à la résidence de Haïphong, les autorités civiles et militaires, le lundi 25 courant, à 7 h. 30, dans l'ordre suivant :

M. le Vice-résident, président du tribunal, et les Assesseurs; la Commission consultative municipale; les Corps des officiers de la garnison; MM. les Officiers des services de la marine; la Chambre de commerce; M. le Sous-Directeur et le personnel des douanes; le Chanh-su et les mandarins provinciaux; le personnel de la Résidence; M. le Sous-Inspecteur et le personnel des Postes et Télégraphes; M. le Médecin chargé des services extérieurs; le Conseil des notables de la congrégation chinoise; le personnel des Travaux publics; le personnel enseignant; M. le Capitaine du port de commerce; M. le lieutenant, commandant la milice; M. le Commissaire de police.

**

Lundi matin. — Réceptions officielles

M. Richaud est dans le salon de la résidence entouré de M. Parreau, de M. de Pincé, des officiers et des fonctionnaires de sa suite. Au fur et à mesure qu'ils lui sont présentés, les corps constitués se placent de telle sorte qu'en répondant à la Chambre de commerce M. le Gouverneur général a autour de lui, les colons, les fonctionnaires civils et militaires, et que son discours s'adresse à eux tous réunis.

7 heures 45. Les présentations commencent. M. le commandant Coulombeaud arrive avec les officiers de marine.

En quelques mots, M. Richaud évoque les services rendus par la marine au Tonkin, déclarant qu'il apprécie leur importance et ne les oubliera pas.

Puis viennent le lieutenant-colonel Leschères, le commandant Pessonneau, et les officiers de la garnison.

M. Richaud leur rappelle cette conquête qui est leur œuvre, qu'ils ont faite avec leur sang.

Il leur recommande à tous l'union avec les colons, base des rapports futurs de la prospérité de la colonie à venir.

A M. Thureau qui présente les assesseurs, M. le Gouverneur général répond qu'il apprécie toute l'importance du service judiciaire au Tonkin.

« Il vous appartient, dit-il, par une justice éclairée, de faire respecter par les indigènes les tribunaux que nous avons institués. Il faut qu'ils sachent que la justice est accessible à tous. »

M. Candau, vice-président de la Chambre de commerce, souhaite ensuite, en ces termes, la bienvenue au Gouverneur général :

Monsieur le Gouverneur général,

Je vous souhaite la bienvenue au nom de la Chambre de commerce de Haiphong.

Le devoir que je remplis en cette circonstance m'est particulièrement agréable, car je n'ai point oublié l'époque, déjà bien éloignée, où j'ai eu l'honneur de vous connaître en Cochinchine.

Si je rappelle ce souvenir personnel, ce n'est pas seulement pour rendre hommage à un des ouvriers de la première heure, c'est encore et surtout pour constater que vous n'êtes pas un nouveau venu parmi nous.

Pendant votre séjour en Cochinchine, au début de votre brillante carrière, vous avez appris à connaître notre colonie de l'Extrême-Orient; l'esprit de la race annamite, son caractère, ses mœurs vous sont familiers. Cette expérience du pays, jointe à vos éminentes qualités d'administrateur, nous permet d'espérer les meilleurs résultats.

Nous vous sommes reconnaissants d'avoir consenti à quitter le gouvernement de la Réunion, où vous aviez su vous attirer toutes les sympathies, pour venir vous consacrer à l'œuvre patriotique de l'organisation administrative de notre Protectorat.

Nous souhaitons que vous restiez longtemps avec nous. Nous avons grand besoin de stabilité, car ces fréquents changements dans l'administration sont très préjudiciables à la bonne marche des affaires

Nous sommes heureux de voir à côté de vous M. le Résident supérieur Parreau, qui, lui non plus, n'est pas un nouveau venu. Sa longue carrière administrative dans l'Indo-Chine, les postes élevés qu'il y a occupés avec distinction, l'expérience consommée qu'il a acquise dans l'administration des affaires indigènes, en font un collaborateur précieux pour la tâche qui vous est confiée.

Ce n'est pas le moment de vous exposer nos vœux. Nous vous les soumettrons quand il vous sera possible de nous accorder une audience spéciale. Je me borne aujourd'hui, Monsieur. le Gouverneur général, à vous assurer du dévouement de la Chambre. Vous pouvez compter sur son concours et sa bonne volonté dans toutes les questions qui se rattachent au développement des intérêts commerciaux de l'Indo-Chine.

M. le Gouverneur général répond :

Vous venez, Monsieur, de le dire: Ce n'est pas sans regrets que j'ai quitté la Réunion où m'attachaient tant de liens affectueux.

Mais d'autres liens affectueux m'appelaient en Indo-Chine. Puisque nous nous sommes connus en Cochinchine, c'est que nous y avons été tous les deux les ouvriers de la première heure, pendant ces années de début de la carrière dont l'homme se souvient toujours. Ces souvenirs ne s'effacent jamais. J'étais attaché à la Cochinchine par beaucoup de ces souvenirs, aussi n'ai-je pas hésité à revenir.

Vous demandez la stabilité des hauts fonctionnaires.

Quel est le Gouverneur, le Résident général qui, en venant en Indo-Chine, n'a pas espéré y rester longtemps? La tâche est ardue, les difficultés sont nombreuses — la plus grande est le manque d'argent. — et bien des bonnes volontés se découragent.

Pour moi, je n'ai pas hésité à répondre à l'appel du gouvernement. J'espère, je veux rester parmi vous aussi longtemps que mes forces me le permettront. Je ferai tous mes efforts pour tenir les promesses qui vous ont été faites; vous pouvez compter que mon plus grand souci sera d'accorder au commerce et à l'industrie les encouragements qu'ils doivent attendre du gouvernement.

Vous venez ici, vous les colons, féconder la conquête des militaires et marins; votre œuvre est ainsi intimement liée à la leur.

L'union doit être complète entre vous.

Nous ne sommes pas en présence de l'ennemi, mais en présence d'un peuple intelligent, habile à discerner nos fautes, nos fluctuations, à en tirer profit. Nous devons nous montrer tous unis dans une pensée commune. Ne donnons jamais le spectacle de Français divisés par des dissentiments inutiles.

La France est bien loin.

Tout Français qui consent, comme vous l'avez fait, à s'expatrier, à venir travailler ici pour la patrie lointaine, montre ainsi qu'il a quelque chose au cœur. Ce lien doit nous rapprocher tous.

Colons, fonctionnaires et soldats, je serai auprès du pouvoir votre défenseur de tous les instants; je soutiendrai les services, les espérances et les droits de tous.

Vous pouvez compter sur mon dévouement.

Le défilé continue ensuite par les autorités annamites, la congrégation chinoise, le personnel des Douanes de l'Annam et du Tonkin, et les divers services.

* *

Lundi soir, l'imprimerie du *Courrier d'Haiphong* distribue en ville l'express suivant:

M. le Gouverneur général recevra demain matin, à 7 heures et demie la Commission municipale et la Chambre de Commerce.

Il recevra l'après-midi, et le mercredi 27 juin, dans la matinée, à partir de 9 heures, les personnes qui auront à l'entretenir d'affaires personnelles.

Il visitera l'hôpital et les casernes mercredi matin.

Une réception ouverte aura lieu à la Résidence mardi soir à 9 heures et demie.

* *

Les visites officielles.

4 heures. M. Richaud est allé faire sa visite officielle à M. le commandant Coulombeaud, à bord de l'*Adour*, à M. le lieutenant-

colonel Leschères, et à M. Candau, vice-président de la Chambre de commerce.

Quand il a quitté l'*Adour*, M. le Gouverneur général a été salué par les salves réglementaires.

Le soir, à la résidence, dîner officiel. Etaient invités, les principaux fonctionnaires et chefs de service civils et militaires.

Mardi

Mardi matin, à 7 heures 30, M. Richaud, assisté de M. Parreau et de M. de Pincé, reçoit les membres de la Commission municipale et de la Chambre de commerce.

Dès le début, il leur fait part de l'heureuse impression produite sur lui, à l'arrivée, par le développement de Haiphong. Il a été surpris de trouver une ville européenne aussi considérable, un mouvement commercial aussi important.

Le moment lui paraît venu d'organiser une municipalité, non pas élue encore, mais indépendante, jouissant de la libre disposition d'un budget de recettes locales et de son application aux dépenses de la ville. Il promet de ne pas quitter le Tonkin sans présider à l'inauguration de la municipalité de Haiphong.

Pendant l'après-midi, de nombreux habitants sont venus entretenir M. le Gouverneur général de leurs affaires et lui exposer leurs projets.

Le soir, dîner à la résidence. Y assistaient M. Berger, ancien résident général *p. i.*, rentrant en France, M. Parreau, MM. les membres de la Chambre de commerce et de la Commission municipale.

Au dessert, M. Richaud boit à la prospérité de Haiphong, félicitant les représentants de la population du résultat obtenu en quelques années.

« Vous avez répondu victorieusement, Messieurs, à ceux qui prétendent que nous ne savons pas coloniser. »

M. Candau, vice-président de la Chambre de commerce, remercie M. le Gouverneur général des vœux qu'il vient d'exprimer et qui seront un encouragement pour l'avenir; il lui demande, au nom de tous, de rester au Tonkin et en Indo-Chine pendant de longues années et de présider, avec son expérience des affaires coloniales, à l'organisation définitive de ce Tonkin que tant de fluctuations, de changements ont empêché de se développer comme il aurait pu et dû le faire.

A 9 heures 30, réception ouverte dans le jardin de la Résidence. Tous les colons de Haiphong viennent saluer M. le Gouverneur général, qui s'entretient avec eux jusqu'à minuit.

*
* *

Mercredi

Le matin, M. Richaud visite l'hôpital, le magasin chinois les casernes et les docks. Pendant toute la journée il reçoit les visiteurs à la Résidence.

On est enchanté — et ce sentiment est unanime — de la bien-veillance de M. Richaud, de sa porte ouverte à tous, de son désir évident de satisfaire, autant que possible, aux demandes qui lui sont soumises.

Nous disions il y a quelque temps : Le voyage de M. Richaud sera, nous l'espérons, profitable au Tonkin ; aujourd'hui, nous en sommes assuré. M. Richaud a su inspirer la plus grande con-fiance par la franchise de ses déclarations ; cette confiance ne lui manquera pas plus que le dévouement de tous les colons.

Avec M. Richaud et M. Parreau, de vieux administrateurs rompus aux affaires indigènes, apportant ici toute leur expérience de l'Indo-Chine, nous pouvons espérer que le Tonkin se relèvera rapidement et oubliera les mauvais jours de 1887.

La période préfectorale est close.

*
* *

Ce matin, M. le Gouverneur général et M. Parreau, qui vient de prendre l'intérim de la Résidence générale, se rendent à Do-son. Ils en reviendront dimanche et partiront lundi pour Hanoi après avoir assisté à la fête de charité, donnée dimanche soir, dans les jardins de la Résidence.

M. Richaud, gouverneur général *p. i.*, et M. Parreau, résident général *p. i.*, sont partis jeudi matin pour Do-son, à bord de la chaloupe *Hanoi*, du service des douanes. M. Richaud était accompagné de M. le capitaine Dol, officier d'ordonnance, et M. Parreau, de M. Alcan, chancelier ; après être resté deux jours à Do-son, M. le Gouverneur général doit aller visiter la baie d'Along et Hon-gay, et reviendra dimanche à Haiphong après s'être arrêté à Quang-yen.

Vendredi matin, MM. Chesne, sous-chef de cabinet de M. le Gouverneur général ; Outrey, sous-chef du bureau politique, et le lieutenant Scal, officier d'ordonnance, sont partis pour Do-son.

Pendant son séjour à Haiphong et en dehors des visites officielles, le Gouverneur général a eu de nombreuses entrevues avec les membres de la Chambre de commerce, de la Commission consultative et les commerçants notables; il a visité la ville et les différents établissements publics (hôpitaux, casernes, ateliers de la marine, magasins d'approvisionnements militaires, magasins centraux et généraux etc.); il a pu se rendre un compte exact des progrès faits dans cette ville naissante, et de ce qui reste à faire.

On est réellement émerveillé de voir ce qui a été fait pour la création, dans un véritable marais, d'une ville qui a de larges rues empierrées le long desquelles s'élèvent des constructions élégantes; il reste encore quelques travaux de voirie à exécuter, qui feront de Haiphong une fort belle ville, mais les ressources actuelles ne permettent pas de les exécuter.

La résidence de Haiphong est coquette, mais trop exigüe; il est impossible au résident d'y recevoir de nombreux invités; aussi, malgré son désir de réunir le même jour, dans un grand dîner, tous les hauts fonctionnaires civils, les officiers de l'armée et de la marine et les habitants notables, le Gouverneur Général a été obligé de les recevoir séparément: dans un premier dîner, M. Richaud réunissait les officiers supérieurs des différents corps et les chefs de tous les services militaires, et, dans un deuxième, les membres de la Chambre de commerce, de la Commission consultative et les fonctionnaires civils. A la suite de ce dernier dîner, le Gourverneur général a donné une réception ouverte; tous les officiers de la garnison de Haiphong et de la marine et la colonie tout entière s'y sont rendus.

Sur la demande de la Chambre de commerce et de la Commission consultative, le Gouverneur général a promis d'ériger Haiphong en municipalité, ayant à sa tête, comme maire, le résident assisté de 14 membres désignés par lui et ayant à peu près les mêmes attributions qu'un conseil municipal. Cette institution aura l'avantage de permettre aux habitants même de Haiphong d'embellir leur ville sans que le budget du Protectorat soit plus chargé, la municipalité pouvant se créer des revenus particuliers ou s'imposer extraordinairement dans une limite fixée.

Après avoir réglé ces différentes questions à Haiphong et pour préparer le courrier au ministre, le Gouverneur général est allé passer quarante-huit heures à Do-son.

Cette ville est bâtie sur une presqu'île à l'embouchure et sur la rive droite du fleuve Rouge ; l'emplacement a été fort judicieusement choisi, soit au point de vue du panorama, soit au point de vue de la fraîcheur ; il ne manque que quelques arbres pour faire de Do-son et de la colline un séjour trés-séduisant.

Le dimanche 1er juillet, le Gouverneur général et M. Parreau quittaient Do-son, à 7 heures du matin, sur le *Hanoi*, commandant Foucault, pour aller à Quang-yen. M. Benoit, vice-résident, récemment arrivé dans cette province, attend le Gouverneur avec le personnel de la résidence et les officiers de la garnison.

Après les réceptions officielles, M. Benoit réunit à déjeuner les chefs de corps et de service de Quang-yen. On est heureux de constater la bonne harmonie qui règne entre les différentes autorités.

Vers trois heures, le Gouverneur général va visiter l'hôpital, dont il admire la bonne situation, sur un mamelon aéré et sain, à proximité de la baie d'Along, c'est-à-dire du point où s'embarquent les rapatriables. Toutes ces considérations font penser qu'il sera bientôt possible de diminuer le nombre des hôpitaux du Tonkin pour n'en conserver que quelques-uns sur des points judicieusement choisis. L'hôpital de Quang-yen est appelé à devenir un hôpital d'évacuation très important.

En sortant de l'hôpital, on se rend à l'appontement et le *Hanoi* conduit, en peu de temps, à Haiphong, le Gouverneur général, qui a promis de se trouver à la kermesse organisée au bénéfice des pauvres de cette ville.

ARRIVÉE DE M. RICHAUD A HANOI

Tout ce qui suit est extrait de l'*Avenir du Tonkin :*

M. Richaud a quitté Haiphong lundi dernier 2 juillet, à bord du *Tuyen-quan*, nouveau bateau très bien installé et qui doit servir dorénavant aux voyages des hauts fonctionnaires de la colonie. M. le Gouverneur général était accompagné de M. Parreau, résident général *p. i.*, et de M. Dol, chef du bureau militaire de M. Richaud.

MM. Chesne et Outrey, sous-chefs du cabinet; Scal, officier d'ordonnance ; avaient pris les devants en s'embarquant à bord de la chaloupe des Messageries fluviales et sont arrivés à Hanoi le 1er juillet.

M. Richaud était attendu le 3 juillet vers 4 heures. Dès trois heures et demie toutes les autorités civiles, militaires et annamites, le personnel de la résidence, les troupes de la garnison, ainsi que la population civile, se trouvaient sur le quai, interrogeant l'horizon.

Le temps passe, la crue du fleuve faisait bien pressentir un retard, mais non comme celui qui s'est produit. Ce n'est qu'à 11 heures du soir que le *Tuyen-quan* qui, en effet, avait eu à lutter contre un violent courant, est arrivé à Hanoi.

A la nuit, chacun s'était retiré, se promettant de revenir au premier signal.

Toute la ville était pavoisée et illuminée.

M. Richaud n'a débarqué que mercredi matin, à 7 heures, ainsi que M. Parreau. Une salve de treize coups de canon a été tirée en son honneur.

Il a été reçu sur le quai par MM. Rodier et Tirant, résidents de 1re classe, entourés de tous les fonctionnaires et d'un grand nombre de colons. Les troupes étaient échelonnées sur le quai et le parcours de la rue de la Concession.

M. le général Bégin, commandant en chef les troupes de l'Indo-Chine, au milieu de son état-major, attendait M. Richaud devant la grille de son hôtel et l'a accompagné à la Résidence générale où les réceptions ont aussitôt commencé.

MM. les officiers de tous grades, les fonctionnaires des différents services, les membres de la Chambre de commerce et de la Commission consultative, les colons, ont été réunis dans le grand salon et M. Richaud s'est adressé aux assistants en ces termes :

Je vous remercie, Messieurs, d'être venus en si grand nombre saluer mon arrivée.

Je ne suis qu'intérimaire et j'ignore pour combien de temps encore le Gouvernement de la République me donnera sa confiance ; mais, quelle que soit la durée de ma mission, vous pouvez être assurés, qu'à tous les instants, toutes mes préoccupations et tous mes efforts seront dirigés par une pensée unique : le développement et la prospérité de la colonie.

Des promesses, je n'en ferai pas !

Je me contenterai d'accorder les choses possibles qui me seront demandées et qui seront susceptibles de servir les intérêts du pays.

J'essayerai de rendre plus stable la position des fonctionnaires civils dont je comprends l'inquiétude ; je me rends un compte exact de leur situation, et je m'efforcerai de leur donner, par des actes, par des mesures que je provoquerai, cette confiance dans le lendemain, dans l'avenir, qui est bien due à leurs services et sans laquelle, d'ailleurs, un personnel ne saurait fournir tout ce dont il est capable.

Puis, s'adressant aux membres de la Chambre de commerce et de la Commission consultative :

« Quant à vous, Messieurs, industriels et commerçants, c'est pour vous que cette colonie a été fondée.

La métropole s'est imposé de lourds sacrifices pour ouvrir à l'industrie et au commerce de nouveaux débouchés, il vous appartient maintenant d'en tirer le meilleur profit possible.

Tous mes efforts tendront à rendre ce pays prospère, je ferai ici comme je viens de faire à Haiphong où j'ai eu la satisfaction de pouvoir favoriser largement une industrie nouvelle !

M. le Gouverneur général s'adresse ensuite aux représentants de l'armée en ces termes :

C'est vous qui avez conquis cette belle colonie au prix des efforts les plus considérables et des plus grands sacrifices.

Vous devez y rester encore, quoique la pacification soit très avancée.

Vous êtes, en effet, comme une menace contre ceux qui tenteraient de troubler la paix de ce pays.

Messieurs,

Fonctionnaires, officiers, commerçants, n'oublions pas que, réunis à 4,000 lieues de la France, c'est pour elle que nous travaillons, pour sa prospérité, pour sa grandeur, pour son relèvement.

Si, entre nous, il y a des différences de costumes, nous devons tous être unis de cœur comme de bons Français.

Je ne saurais trop vous recommander l'union la plus étroite, au prix même de sacrifices personnels. Ces sacrifices doivent vous paraître légers, vous les faites au bien général, vous les faites à votre pays.

Je resterai un mois au Tonkin et ceux d'entre vous, Messieurs, qui auraient à m'entretenir d'affaires publiques ou particulières peuvent être certains de trouver chez moi le meilleur accueil, comme d'ailleurs, tous les habitants de la colonie.

Dans la soirée, M. le Gouverneur général a rendu leur visite à M. le général Bégin, et à S. E. le Kinh-luoc à qui il a offert, comme cadeaux, une fort jolie garniture de cheminée et une très-belle montre en or pour sa femme.

M. Richaud était accompagné de M. Parreau, de M. le capitaine Dol et de M. le lieutenant Scal.

Jeudi 5 juillet, à 7 heures, M. le Gouverneur général et M. le Résident général ont reçu les membres de la Chambre de commerce et de la Commission municipale qui ont été présentés par M. Halais, vice-résident de Hanoi.

Cette visite officielle a pris de suite un caractère intime et amical grâce à la bienveillance et à la cordialité de M. Richaud.

Ces messieurs n'avaient pas voulu attendre l'arrivée, à Hanoi, de M. Gouverneur général et de M. le Résident général pour leur souhaiter la bienvenue et leur avaient envoyé, à Do-son, les adresses suivantes :

Monsieur le Gouverneur général,

Les membres de la Chambre de commerce de Hanoi m'ont fait l'honneur de me déléguer pour vous souhaiter la bienvenue.

Je remplis ce devoir avec d'autant plus de satisfaction que nous savons tous que votre arrivée au Tonkin sera certainement profitable à l'avenir et à la prospérité de notre colonie.

Votre carrière d'administrateur distingué des colonies (et nous en avons pour preuve les témoignages de sympathie qui ont marqué votre départ de l'Inde et de la Réunion) nous est un sûr garant que vous mènerez à bien l'œuvre, si souvent commencée et toujours interrompue, de l'organisation de ce pays.

En effet, Monsieur le Gouverneur général, tous les changements qui se sont produits jusqu'à vous, n'ont donné à ce pays aucune direction de stabilité et d'esprit de suite.

Avec votre expérience et votre puissant concours, joints à ceux de Monsieur le Résident général, dont nous avons pu déjà apprécier les hautes capacités, cessera cet état de choses, si préjudiciable aux intérêts de la colonie.

Nos vœux et nos besoins vous sont connus, et vous pouvez compter, Monsieur le Gouverneur général, sur notre concours sympathique et dévoué.

JAME

Monsieur le Gouverneur général de l'Annam et du Tonkin,

Au nom de la colonie française de la ville de Hanoi,la Commission municipale consultative vient saluer en vous l'éminent administrateur à qui le Gouvernement de la République a confié le soin de rendre prospère cette colonie naissante.

Vous allez pouvoir constater quelle a été notre confiance dans l'avenir de ce pays, en voyant la transformation rapide, en une ville européenne, de la vieille capitale du Tonkin.

Vous allez trouver une population française qui vous sera entièrement dévouée et qui, malgré les épreuves qu'elle a dû subir, a conservé sa foi ardente dans l'avenir de cette jeune et importante colonie.

Nous comptons aussi beaucoup sur vous, Monsieur le Gouverneur général. Certains d'entre nous avons connu vos remarquables capacités d'administrateur, aux débuts de votre carrière en Cochinchine. Les regrets unanimes qui vous ont été témoignés dernièrement à la Réunion sont, pour nous tous, un gage de ce que nous devons attendre de votre sage et intelligente administration dont le succès nous semble assuré avec le concours du sympathique Résident supérieur que nous voyons revenir aujourd'hui parmi nous avec le plus grand plaisir.

La Commission municipale a exprimé à plusieurs reprises des vœux et des désirs qui n'ont pu tous recevoir une solution. Son vœu le plus cher est d'être formée en municipalité régulièrement constituée. Elle aurait alors plus d'autorité pour vous transmettre et exposer ses besoins les plus pressants.

Nous espérons de votre libéralisme et de votre grande expérience des colonies pour que, dès que les circonstances pourront le permettre, vous facilitiez la réalisation de nos vœux qui n'ont d'autre but que la grandeur et la prospérité de ce pays qui sera, un jour, une des gloires de la France.

Soyez donc les bienvenus parmi nous, Monsieur le Gouverneur général et Monsieur le Résident supérieur, et comptez sur notre entier dévouement.

M. Parreau avait déjà répondu par la lettre suivante :

Do-son, 29 juin 1888.

Monsieur Parreau, Résident général p. i. *en Annam et au Tonkin à Monsieur le Résident de France à Hanoi.*

Monsieur le Résident,

Le Gouverneur général et moi sommes très touchés des sentiments de sympathie et de cordialité que la Chambre de commerce de Hanoi et la Commission consultative municipale veulent bien nous exprimer.

Remerciez-les à l'avance pour nous, et veuillez leur rappeler que mes sentiments libéraux à l'égard du commerce et de l'élément français en général, aussi bien que mon estime pour eux, n'ont pas changé.

C'est un grand plaisir pour moi de les revoir, surtout en me plaçant au point de vue des services que je puis être appelé à rendre à la cause française en aidant, en toute conscience et toute honnêteté, à la réussite de leurs entreprises.

PARREAU.

M. le Gouverneur remercie ces messieurs de leur visite et leur promet d'accorder tout ce qu'il pourra.

Au cours de la conversation, la Chambre de commerce émet plusieurs vœux, entre autres : promulgation de la loi sur les hypothèques au Tonkin ; construction d'un appontement et d'un débarcadère à Hanoi ; payement à la douane de Hanoi des droits de consommation.

Il sera fait droit au premier de ces vœux ; M. Richaud rappelle qu'il l'a déjà promis à la Chambre de commerce de Haiphong ; les autres seront examinés et il espère bien arriver à donner satisfaction, dans la mesure du possible, à la Chambre de commerce ; quant à la construction rapide d'un réseau de routes au Tonkin, dont il est aussi parlé, M. le Gouverneur général avoue que ce sera plus difficile à réaliser dans les circonstances actuelles.

Le manque d'argent est la pierre d'achoppement de ce projet ; mais il ne faut pas se décourager et travailler à faire petit à petit ce que les ressources de la colonie ne permettent pas d'entreprendre d'un seul coup.

« Assurément, dit M. Richaud, lorsque des routes sillonneront le Tonkin, ce sera la meilleure preuve que le pays est prospère et entièrement pacifié, mais ne nous berçons pas d'illusions : j'ai assisté aux premiers débuts de la Cochinchine et si les résultats sont devenus superbes par la suite, les commencements ont été très durs : il en sera de même probablement pour le Tonkin dont la prospérité future ne fait aucun doute pour nous. »

La Commission municipale n'a demandé qu'une chose : c'est de devenir conseil municipal régulièrement constitué.

Le maire serait désigné par le Gouverneur général et les deux adjoints choisis par le Conseil.

M. Richaud répond : « J'ai promis qu'il en serait ainsi à Haiphong, et je vous le promets également ; mais le futur conseil ne devra pas oublier que nous manquons d'argent avant d'établir de grands programmes de travaux. Vous savez, messieurs, combien il sera difficile d'obtenir de la Métropole les crédits dont il nous est impossible encore de nous passer et il ne faut même pas compter sur les promesses ; ainsi, nous savons déjà que nous ne devons plus compter sur le crédit de 1 million promis aux villes de Hanoi et de Haiphong ».

Jeudi, dans la soirée, S. E. le Kinh-luoc, est venu présenter à M. Richaud les mandarins provinciaux et lui apporter les présents d'usage ; en sortant de la Concession, S. E. le Kinh-luoc, ainsi que les fonctionnaires annamites, revêtus du grand costume de cérémonie, se sont dirigés vers les bâtiments du Lac pour rendre visite à M. Parreau à qui ils ont remis également des cadeaux.

Hanoi, le 14 juillet 1888.

La présence à Hanoi de M. le Gouverneur général de l'Indo-Chine donne un intérêt particulier d'actualité au discours qui a été prononcé à Saint-Denis (Réunion), par le gouverneur de cette colonie, à l'ouverture de la session du conseil général le 30 mai dernier. — Dans ce discours, qui nous a été apporté par le dernier courrier de France, arrivé il y a trois jours, on lit en effet :

« Les brillantes qualités, dont a fait preuve pendant son trop court passage parmi nous M. Richaud, sont encore trop présentes à vos souvenirs, pour qu'il me soit nécessaire de chercher à les retracer.

« Vous permettrez, toutefois, à celui qui, pendant quatorze mois, a eu l'honneur d'être son collaborateur assidu et dévoué de tous les jours, je dirai presque de tous les instants, de vous dire la profonde affection qu'il portait à cette belle colonie, théâtre de ses débuts administratifs ; la préoccupation constante, qui ne lui laissait aucun repos, de chercher les moyens propres à la tirer de l'état de gêne où, depuis plusieurs années, elle se débat si courageusement.

« M. Richaud avait foi dans le succès final de cette lutte douloureuse, et sa foi, il savait la communiquer à tous ; ses efforts, d'ailleurs, n'ont pas été stériles.

« Peu de temps avant son départ, il avait la satisfaction d'obtenir que le gouvernement métropolitain vînt en aide à notre Banque coloniale, et sauvât ainsi notre commerce et notre agriculture d'un effroyable désastre.

« Il était à peine arrivé en France que, par une dépêche signée de notre honorable député, M. de Mahy, alors ministre de la marine et des colonies, nous recevions la nouvelle du succès des négociations entreprises avec le Portugal pour le recrutement de laboureurs sur la côte du Mozambique.

« Ces négociations, vous ne l'ignorez pas, ont été la conséquence de la mission de M. Dol, et cette mission était due à l'initiative de M. Richaud.

« Vous me pardonnerez, messieurs, d'insister sur ces faits si connus de vous tous. Le discours par lequel le chef de la colonie est dans l'usage d'ouvrir solennellement vos sessions reste reproduit en tête des comptes rendus de vos travaux, et je suis heureux de profiter de l'honneur qui m'est échu transitoirement d'occuper cette haute fonction, pour adresser à notre ancien gouverneur le témoignage de notre profonde gratitude ».

Les regrets exprimés par les habitants de la Réunion lors du départ de M. Richaud, l'hommage qui est rendu, sous toutes les formes, aux qualités hors ligne d'administrateur déployées par lui pendant son séjour dans cette colonie, sont un gage précieux pour nous.

Il y a beaucoup à faire au Tonkin ; M. Richaud n'a pas reculé devant la tâche à entreprendre et nous ne saurions trop lui en savoir gré.

M. Richaud a toujours été heureux jusqu'ici dans les postes élevés qu'il a occupés et il n'y a pas de raisons pour que l'avenir vienne démentir le passé, surtout en présence du courant de sympathie qui s'est déjà manifesté pour la personne du gouverneur général *p. i.* depuis son arrivée en Indo-Chine.

*
* *

Pendant la semaine écoulée M. Richaud a reçu un grand nombre de fonctionnaires et de colons qu'il a écoutés avec le plus vif intérêt.

La majeure partie des vœux présentés par la Chambre de commerce et la Commission consultative ont été accueillis favorablement et ont reçu une solution immédiate de M. le Gouverneur général qui, malgré ses nombreuses occupations, n'a pas cessé de se tenir à la disposition de tous ceux qui désiraient lui parler.

Parmi les vœux de la Chambre de commerce, nous mentionnerons l'organisation d'une municipalité à Hanoi et à Haiphong, déjà décidée. L'arrêté de création paraîtra cette semaine.

Cette excellente mesure produira le meilleur effet sur la population de ces deux villes.

M. Richaud ne doit quitter le Tonkin qu'après l'installation de ces deux municipalités.

On a remarqué aussi avec plaisir les efforts faits par M. Richaud pour faire disparaître tous les différents qui pouvaient exister entre civils et militaires, et tout porte à espérer que son passage aura pour effet d'amener la plus parfaite harmonie entre tous les services.

————

Durant son séjour à Hanoi, M. Richaud a pris deux mesures dont l'influence doit être des plus heureuses et qui permettent de se rendre compte de la façon dont M. le Gouverneur général veut arriver à la pacification complète du pays.

Jusqu'à ce jour, les corvées n'avaient été employées qu'au transport des bagages et au ravitaillement de nos troupes, il devenait nécessaire de leur rendre leur véritable affectation, c'est-à-dire de les employer à des travaux d'utilité publique. Or, aucun travail ne pouvait paraître plus utile que la création d'un grand réseau de routes mettant tous les points du territoire en communication. C'est ce qu'avait fort bien compris M. le général Warnet qui avait fait commencer, en collaboration de M. Parreau, un réseau de routes, abandonné depuis.

M. le Gouverneur général a donné les ordres les plus précis à ce sujet.

————

Pendant son séjour à Hanoi, M. Richaud a réglé d'abord toutes les questions pendantes intéressant les services publics et les particuliers.

Il s'est, en outre, attaché à régler les questions d'ordre général qui intéressent l'organisation administrative et financière du pays, sa pacification et les améliorations à apporter dans l'intérêt des populations.

M. Richaud a résumé son programme dans une circulaire adressée à M. le Résident général et placée en tête de ce recueil.

————

Nous empruntons à *l'Avenir du Tonkin*, les faits suivants :

La veille du 14 juillet, un dîner officiel était offert à la Résidence générale par M. Richaud. M. le général Bégin, accompagné d'une partie de son état-major; S. E. le Kinh-luoc, le Tong-doc

et le Tuong-ta, le Résident général, les membres de la Chambre
de commerce et de la Commission consultative ; les chefs de services et d'administrations ; les hauts fonctionnaires, les officiers
supérieurs et les principaux commerçants de la ville avaient
répondu à l'invitation du Gouverneur général.

La table, de 52 couverts, était dressée sur la vérandah donnant
sur le fleuve et qui avait été très bien décorée pour la circonstance.

Sur les drapeaux aux couleurs nationales qui formaient fond
se détachaient des branches de palmiers et de lataniers recour-
bant ensuite leur feuillage pour suivre les contours des arcades ;
ces dernières, garnies d'un feston de lanternes japonaises du meilleur effet. Des lianes s'enroulant sur les hampes des drapeaux
encadraient gracieusement les écussons aux initiales R. F. L'honneur de cette installation revient en entier à notre sympathique
ingénieur conseil M. Fauquier.

Au commencement du repas, **M.** Richaud prend la parole :

« Avant de nous asseoir à cette table, Messieurs, je vous
« propose de boire au Président de la République, qui repré-
« sente si dignement la France devant l'étranger, et dont l'éléva-
« tion récente à la première magistrature du pays, a prouvé qu'en
« notre beau pays de France l'accomplissement du devoir et la
« probité sont toujours en honneur. Au Président de la Répu-
« blique. »

Au dessert, M. le Gouverneur général prend de nouveau la
parole :

« Messieurs, tout à l'heure vous vous êtes associés à moi pour
« boire au Président de la République, je vous propose main-
« tenant de lever votre verre à la France à la prospérité et au
« développement de notre colonie. Que ce toast qui, ce soir,
« réunit tous nos cœurs, soit le gage de l'union durable et féconde
« de tous les Français du Tonkin, qu'il soit comme l'engagement
« pris par nous, et que nous tiendrons, de nous consacrer entière-
« ment, chacun dans notre sphère, à l'œuvre grandiose que la
« France poursuit en Extrême-Orient. La France a donné au
« Tonkin du meilleur du sang de ses enfants, la terre qui a bu
« cette rosée généreuse fait désormais partie du patrimoine
« national. Travaillons donc sans relâche, Messieurs, à faire
« du Tonkin comme une prolongation de la patrie où flottera
« toujours son drapeau respecté. Au Tonkin, Messieurs, à sa
« prospérité, à son union indissoluble avec la France ! »

M. **Parreau** se lève ensuite et prononce les paroles suivantes :

« Messieurs,

« Nous venons de boire à notre chef de famille le Président de la République ; je propose maintenant, puisque nous sommes les protecteurs de l'Annam et que S. E. le Kinh-luoc a bien voulu honorer notre petite fête de sa présence, de boire à l'union intime de la République française et du royaume d'Annam, à S. M. le roi Dong-kanh.

« Et puisque nous sommes sur cette question de l'union, je veux boire aussi à la bonne harmonie et à la bonne entente entre nous tous ; entente sans laquelle il nous deviendrait impossible d'atteindre le but que nous poursuivons.

« A l'union de tous les cœurs français de l'Indo-Chine. »

Le dîner se termine juste au moment où la procession du Dragon passe dans les jardins de la Résidence au son de la musique chinoise et du bruit des pétards.

La soirée se termine vers 10 heures.

Le soir du 14 juillet M. Richaud a reçu dans une soirée ouverte, toute la colonie européenne, les fonctionnaires et les officiers. Lorsque nous arrivons à Résidence générale, la soirée est commencée; nous sommes même en retard ; en effet, pour parvenir jusqu'à la Résidence générale, il faut traverser une véritable haie de voitures et de *pousse-pousse ;* il faut croire qu'on ne s'ennuie pas dans l'intérieur, car les coolies endormis sur le gazon prouvent que leurs maîtres sont déjà arrivés depuis longtemps.

La salle offre un joli coup d'œil ; rien, naturellement, n'a été changé à l'ornementation de la veille; les vêtements blancs mêlés aux jolies tuniques brodées des mandarins de la suite du Kinh-luoc, les longues robes de soie des notables chinois, les fraîches toilettes des dames, les galons et aiguillettes des officiers, forment de jolis contrastes, sous l'éclat des lumières.

Les visiteurs sont nombreux : tous les officiers de la garnison, de la marine, les chefs de services, les employés des différentes administrations et presque tous les membres de la colonie sont présents.

M. le Gouverneur général a un mot aimable pour chacun et va de groupe en groupe, tandis que M. le Résident général est accaparé par tous ses amis.

De temps en temps, quelques airs de piano invitent les visiteurs à la danse ; quelques rares couples tourbillonnent, au grand contentement de M. le Gouverneur général. Il est vrai d'ajouter qu'il fait bien chaud et puis, faut-il le dire, il y a longtemps, bien longtemps, qu'on ne s'est trouvé réuni dans une réception, on a fini par ne plus se connaître entre anciens colons et nouveaux débarqués depuis un an; et cependant ce n'est ni la cordialité ni la sympathie qui manquent : c'est un lien commun, un centre de réunion qui, dans les colonies françaises, est toujours l'hôtel du Gouverneur ou du Résident.

Nous avons tout lieu de penser que les bonnes habitudes seront reprises avec MM. Richaud et Parreau en effet, le meilleur moyen d'arriver à cette union que l'on réclame, de tous les Français du Tonkin, n'est-ce pas de fraterniser de temps en temps dans des réunions, pour ainsi dire de famille, où colons fonctionnaires, civils et militaires, oublient forcément les petites rancunes ou froissements d'amour-propre?

La chaleur augmente, le buffet et ses rafraîchissements obtiennent un vif succès; mais personne ne déserte, la soirée se prolonge, les tables de jeu se garnissent et l'on oublie la fête du Petit-Lac et le demi-feu d'artifice. Il est fort tard lorsque l'on se sépare.

M. RICHAUD A SON-TAY

Mercredi dernier, 18 juillet, à 9 h. du soir, M. le Gouverneur général est parti à bord du *Moulun*, pour Son-tay, la rivière Noire et la rivière Claire, accompagné de M.M. le capitaine Dol, officier d'ordonnance, et Outrey, sous-chef du bureau politique.

M. Richaud, qui trouve que les jours sont trop courts pour ce qu'il a à faire, gagne du temps en voyageant la nuit. Le *Moulun* était escorté par la chaloupe le *Son-tay* pour le cas où un échouage surviendrait.

Quelques personnes se trouvaient sur le quai au moment du départ de M. le Gouverneur général; nous reconnaissons parmi elles: MM. le Commandant de la marine, d'Albaret et Lamothe de Carrier, résidents; Rolland, agent principal des Messageries maritimes à Saigon, etc.

A Son-tay, les fonctionnaires civils et militaires sont groupés sur le quai pour saluer le Gouverneur général, qui ne doit descendre en ville qu'à son retour, mais qui s'arrête pour prendre à bord MM. le général Chanu, commandant de la 1re brigade et Le Brun, le nouveau résident de Sontay.

A 10 heures du matin, le *Moulun* entre en rivière Claire, passant devant le poste de Viet-tri établi sur la langue de terre qui forme pointe au confluent du fleuve et de la rivière et dont on distingue les constructions européennes, la maison du commandant d'armes, les habitations des officiers. l'hôpital et la caserne.

Sur la rive opposée, à droite, s'étend l'important et pittoresque village annamite de Bac-hat avec ses cases groupées au bord de la rivière et ses maisons construites sur des radeaux de bois.

A 11 heures, la canonnière arrivait à la rivière Noire ; M. le Gouverneur général a été émerveillé du panorama qui se déroulait devant ses yeux et frappé de la différence profonde existant entre ces pays et le Delta. De l'endroit où il se trouvait on pouvait voir le mont Bavi et ses contreforts ; sur la droite Hung-hoa sa tour et les vallons riants qui ont fait donner à cette contrée le nom de Petite-Suisse ; dans le lointain la chaîne de montagnes du Nord.

M. le Gouverneur général revint sur sa route et arriva à Sontay à 4 heures du soir, regrettant de ne pouvoir visiter en détail ces intéressantes régions encore bien peu peuplées d'Européens et qui seront plus tard le centre des plus grandes exploitations des richesses naturelles du Tonkin.

La population de Son-tay s'était mise en frais pour recevoir dignement M. le Gouverneur général.

Dans la grande rue, par où devait passer M. Richaud pour se rendre à la résidence située, comme on le sait, dans l'intérieur de la citadelle, presque au pied du mirador, les habitants indigènes avaient dressé devant leurs maisons, toutes pavoisées, des tables chargées d'offrandes ; on comptait plus de cinquante de ces autels à Bouddha improvisés. Les pétards ne cessent de faire entendre leurs détonations pendant le passage du cortège. Le reste de la ville est entièrement pavoisé, tous les habitants sont en fête.

Arrivé dans la grande salle de la résidence, M. Le Brun, résident de Son-tay, présente son personnel ainsi que le Tong-doc *p. i.* de Son-tay, qui est l'ancien quan-bo de la province, accompagné du quan-an et des autres fonctionnaires annamites. M. le général Chanu présente les officiers de la garnison.

M. Richaud prend la parole :

« Je vous remercie, Messieurs, d'être venus au-devant de moi
« Je vous recommande à tous l'union la plus parfaite.

« Nous sommes ici pour contribuer à une œuvre commune
« entreprise dans l'intérêt de notre pays ; nous devons donc
« marcher la main dans la main.

« Il ne doit plus y avoir, à 4.000 lieues de la France, une
« autorité civile et une autorité militaire en présence, mais une
« réunion de Français venus pour faire de ce pays comme une
« prolongation de la Patrie. L'union et les relations cordiales
« qui existent entre M. le Général et M. le Résident me repon-
« dent de la bonne entente à venir.

« Oubliez tous vos petits froissements et vos susceptibilités
« et restez unis comme doivent l'être les membres d'une même
« famille.

« Je me suis occupé, dès mon arrivée, de la question du per-
« sonnel et j'ai préparé un arrêté réglant le recrutement et
« l'avancement. Cette mesure sera pour vous, Messieurs les
« fonctionnaires civils, la sauvegarde de vos intérêts et elle me
« permettra de ne donner de l'avancement qu'aux plus méritants
« et à ceux qui ont des droits acquis. »

Ces paroles et ces déclarations sont chaleureusement accueil-
lies par les assistants.

M. le Résident de Son-tay porte ensuite le toast suivant à
M. Richaud :

« Permettez-moi, Monsieur le Gouverneur général, de vous
« souhaiter la bienvenue et de boire à votre santé. Le souhait
« que nous formulons est de vous voir rester longtemps parmi
« nous. La façon brillante dont vous vous êtes acquitté des
« mandats de Gouverneur qui vous ont été confiés nous fait
« présager de l'avenir.

« Déjà votre bienveillance, votre affabilité vous ont gagné
« tous les cœurs et vos hautes capacités administratives atti-
« reront autour de vous tous ceux dont l'avenir est lié à celui
« de cette colonie et qui se rendent compte des services que
« vous êtes appelé à lui rendre. »

« Je bois à votre santé, Monsieur le Gouverneur général, à
« votre long séjour dans ce pays, à notre union, mon général,
« à notre union à tous messieurs. »

M. Richaud et M. le général Chanu remercient M. le Résident.
M. le Gouverneur général engage ensuite les mandarins à nous
servir avec fidélité, leur disant que le gouvernement français est
toujours disposé à récompenser tous les dévouements.

Le soir, diner officiel en l'honneur du Gouverneur général, à l'issue duquel le signal de la grande retraite aux flambeaux est donné.

Plus de deux cents torches et lanternes japonaises aux couleurs les plus variées sont portées par des militaires, des miliciens, des gardes du Tong-doc qui entourent les tambours et clairons des zouaves.

Une foule énorme suit la retraite, les pétards éclatent de toutes parts, l'enthousiasme est indescriptible. Il est l'heure du départ, la foule vient chercher le Gouverneur pour l'accompagner jusqu'au bateau et c'est au son de la marche entraînante des zouaves qu'on traverse la ville pour se rendre au quai. C'est à bord du *Son-tay* que M. Richaud effectue son retour et il arrive à Hanoi, avec sa suite, à 11 heures et demie du soir.

Arrivée de l'Ambassade de la Cour de Hué

L'Ambassade envoyée par la cour de Hué à M. Richaud, audevant de laquelle M. le Gouverneur général avait envoyé, jeudi matin, un de ses officiers d'ordonnance, M. Scal, est arrivée à Hanoi, à bord de la canonnière l'*Aavalanche*, le samedi 21 juillet, à 5 heures du soir.

Elle a été reçue en grandes pompes par les autorités françaises et annamites. Des salves d'artillerie ont été tirées en son honneur.

Cette ambassade était composée de S. E. Ta-thin-dinh, thilang des rites, ambassadeur extraordinaire de S. M. Dong-khanh, d'un des plus hauts fonctionnaires de l'armée et d'une suite d'une dizaine de personnes.

Les ambassadeurs ont été reçus le lendemain matin, à 9 heures, par le Gouverneur général. A 3 heures, M. Richaud, accompagné de sa maison civile et militaire, leur rendait leur visite.

A la Résidence générale, comme chez les ambassadeurs, une compagnie a rendu les honneurs militaires.

Mardi, le Gouverneur général a donné un grand dîner en l'honneur des ambassadeurs auquel était invité S. E. le Kinh-luoc, le Général en chef, les officiers supérieurs et le haut personnel de la Résidence.

LE GRAND DINER ET LA SOIRÉE

OFFERTS

Par S. E. LE KINH-LUOC

Pour fêter son élévation à la dignité de quan-công et le passage de M. le Gouverneur général, S. E. le Kinh-luoc du Tonkin a offert, dimanche 22 juillet, un grand dîner.

S. E. Nguyen-huu-do, malgré toutes les instances, avait tenu absolument à ce que M. le Gouverneur général occupât la place d'honneur et il n'a consenti à s'asseoir qu'à sa droite. En face de M. Richaud se trouvait M. le général Bégin ayant à sa droite M. Parreau, résident général, et à sa gauche S. E. Ta-thin-dinh, thi-lang des rites, ambassadeur extraordinaire de S. M. Dong-Khanh. Les autres invités étaient : MM. le Commandant de la marine, de Possel-Deydier, chef des services administratifs de la marine, le Directeur du service de santé, le colonel Javouhey, commandant l'artillerie et le génie ; le commandant Gœtschy, Tirant, résident de 1re classe ; Dumoutier, directeur de l'enseignement au Tonkin ; Halais, vice-résident ; le capitaine Guyonnet, aide-de-camp de M. le général Bégin ; Dol, chef du bureau militaire de M. le Gouverneur général ; Oudard, chef du bureau militaire de M. le Résident général ; Chesne et Outrey, sous-chefs du cabinet de M. le Gouverneur général ; Delmas, vice-résident de Hung-yen ; Alcan, chancelier ; Scal, officier d'ordonnance de M. le Gouverneur général ; de Cuers de Cogolin, du *Courrier d'Haiphong,* et Chesnay, de *l'Avenir du Tonkin.* Quelques dames assistaient également au dîner.

La pagode de Sinh-tu appartient à S. E. le Kinh-luoc ; elle est un don de la population, qui l'a édifiée, il y a quelques années seulement, en reconnaissance de tous les services qu'il a rendus ; cette pagode est fort jolie d'aspect et l'intérieur en est très luxueux. Elle est presque entièrement décorée par des panneaux en laque rouge sur lesquels se détachent d'énormes caractères d'or à la louange de S. E. Nguyen-huu-do. Tous ces panneaux sont des cadeaux faits à S. E. en reconnaissance des bienfaits dont elle a comblé ses administrés. Les colonnes en bois précieux, qui soutiennent l'édifice, disparaissent sous ces inscriptions.

Le centre est occupé par un autel ; dans le cam, sont enfermées les tablettes des ancêtres ; de chaque côté, des tables couvertes de brûle-parfums et de plateaux pour les offrandes.

Devant l'autel s'étend un grand lit en pierre recouvert d'une natte fine, qui permet aux membres de la famille de venir, aux jours de cérémonie, se prosterner pour faire leurs *lays* aux mânes des aïeux.

C'est dans la première partie de la grande salle de la pagode qu'était dressée la table du banquet. La lumière des nombreux lustres se reflétant dans toutes les dorures produisait un effet des plus originaux. La table, luxueusement servie, était garnie de magnifiques fleurs et de pyramides de fruits les plus variés. Toutes les parties de la pagode ont été utilisées pour la fête ; la cour intérieure a été recouverte par de grandes nattes ; elle est éclairée par les milliers de lanternes de couleur qui, pendant du plafond, forment des guirlandes et dessinent les arcades des portes garnies de grandes feuilles de cocotier.

Les petits jardins intérieurs sont également remplis de lanternes, de ballons ou de verres de couleur. Sous la voûte principale de la grande porte d'entrée, se tient S. E. le Kinh-luoc, pour recevoir les invités. Les pétards, les coups de cloche et de tam-tam signalent l'arrivée de M. le Gouverneur général et le dîner commence aussitôt ; en voici le menu :

POTAGE
Nids d'Hirondelles

RELEVÉS
Filets de Soles Joinville
Rissoles de Volailles aux Truffes

ENTREMETS
Filet de Bœuf Richelieu
Poularde à la Montmorency
Timbales de Cailles Saint-Hubert

PLATS FROIDS
Aspics de Faisans
Galantine de Dinde truffée
Sorbets au Marasquin

LÉGUMES
Asperges sauce Hollandaise
Haricots verts à l'Anglaise

ROTI
Paon de l'Annam
Salade de Laitue

ENTRÉES
Pêches à la Condé
Corbeille de Fruits glacés
Parfait au café vanille
Pâtisserie
Desserts variés
Café, Liqueurs

VINS
Bordeaux en carafe, Bourgogne blanc
Goutte-d'or, Pouilly, Clos-du-roy
Chambertin, Château-Margaux
Pontet-Canet
Champagne Mumm & Rœderer

Au dessert, S. E. Nguyen-huu-do, tenant un verre de champagne à la main porte le toast suivant, qui est traduit par un interprète :

Monsieur le Gouverneur général, Messieurs,

Notre royaume a été éprouvé depuis bien des années par toutes sortes de misères et de calamités; mais grâce à la bienveillance du gouvernement de la grande République française, qui vous a envoyé, Monsieur le Gouverneur général, Monsieur le Général commandant en chef, Monsieur le Résident général, pour le protéger, il joint, aujourd'hui, d'une tranquillité parfaite et je me fais un devoir de le constater publiquement.

A l'occasion de votre arrivée au Tonkin, Monsieur le Gouverneur général, j'ai l'honneur de vous prier de vouloir bien accepter ce verre que je vous présente moi-même, au nom de S. M. le roi d'Annam, ainsi qu'à ces messieurs, en formant des vœux pour la prospérité de toute la France, pour la santé de Monsieur le Président de la République et de la vôtre messieurs, afin que vous puissiez continuer l'œuvre de protection et d'organisation de notre royaume et aider notre souverain à purger ses états de tous pirates ou rebelles.

Enfin je porte la santé, également, de MM. les Résidents et fonctionnaires présents ici afin qu'ils puissent unir leurs forces à celles de M. le Gouverneur général, de M. le Général commandant en chef et de M. le Résident général, dans leur œuvre de protection; ainsi nous verrons bientôt les nations annamite et tonkinoise vous applaudir, vous honorer et vous témoigner leurs marques de reconnaissance.

M. le Gouverneur répond au Kinh-luoc en ces termes :

Je vous remercie au nom des Français des excellentes paroles que vous venez de me dire.

Nous sommes venus ici pour apporter la paix et vous aider à rétablir l'ordre dans votre royaume, et, avec l'ordre et la paix, tous les bienfaits qui les accompagnent.

La nation française a fait pour cela de grands sacrifices en hommes et en argent; nous ne le regrettons pas, si nous pouvons atteindre le but que nous poursuivons. Les Français, sont très généreux; cela a pu leur coûter cher quelquefois, mais ils sont incorrigibles sur ce point.

Vous m'avez parlé de la piraterie qui désole encore ce pays à l'intérieur. Déjà les grandes bandes de pillards qui ruinaient et décimaient votre population sont dispersées ou en partie en fuite.

Il n'en existe plus que quelques-unes, qui, bientôt auront disparu. C'est à vous, aux fonctionnaires annamites, à nous seconder pour extirper complètement cette plaie du pays.

J'ai la conviction que le jour où, abdiquant toute crainte, tout espoir de retour vers un passé disparu, les mandarins se mettront résolûment à l'œuvre et seconderont nos efforts, la piraterie ne sera plus qu'un souvenir. Avec la sécurité, vous verrez, à l'ombre de notre drapeau, renaître la prospérité.

Cette prospérité sera décuplée par notre présence car avec la sécurité du pays les capitaux français afflueront.

Dites bien à vos compatriotes et à votre roi que nous sommes au Tonkin et que nous avons la ferme volonté d'y rester mais notre présence n'implique aucun indice d'hostilité contre eux, car, avec le drapeau de la France, nous avons apporté, avec la sécurité, notre civilisation et tous les bienfaits qui en découlent.

Joignez-vous à moi, Messieurs, pour boire à la santé de S. M. l'Empereur Dong-Kahn et de S. E. Nguyen-Huu-do Kinh-luoc du Tonkin.

Puis, vers la fin du dîner, M. Parreau prend égalenent la parole :

Mesdames, Messieurs,

Je tiens à me joindre à M. le Gouverneur général, plus encore à titre d'ami de vieille date de S. E. le Kinh-luoc qu'à titre officiel, pour apporter mon tribut de félicitations à notre aimable et royal amphytrion à l'occasion de la haute distinction dont il vient d'être l'objet.

Je ne veux pas vous donner ici le détail de sa longue carrière, cela nous entraînerait trop loin et la modestie de notre hôte en souffrirait, mais je veux vous dire, pour avoir pu le constater par moi-même, que nul au Tonkin et en Annam n'a fait, pour la cause annamite et pour la cause française, pour l'union intime des deux peuples, autant que S. E. le Vice-Roi.

Aussitôt qu'il commença à nous connaître (cela remonte déjà loin), on peut dire que son opinion fut faite, et, depuis il n'a jamais varié. Il fut immédiatement convaincu que, si un jour la lutte éclatait entre les deux peuples, ce serait une catastrophe irrémédiable pour son pays, et qu'il valait mieux recourir à une entente amicale qu'à une résistance désastreuse.

Il comprit d'ailleurs immédiatement ce que nous étions, ce que nous voulions, les immenses progrès que nous apportions avec nous, les avantages incalculables qui pouvaient résulter pour son pays de l'union des deux nations, et, partant de ce principe, il resta, malgré toutes les viscissitudes, notre meilleur ami, en même temps qu'il était le meilleur ami du peuple annamite.

Sa façon d'agir a été celle d'un grand cœur, d'un grand philanthrope, et aussi, quoiqu'on en puisse dire, celle d'un grand patriote.

Je puis vous parler savamment de tout cela, car il est peu de mandarins avec lesquels j'ai entretenu d'aussi longues relations de service et d'amitié qu'avec le Vice-Roi, puisqu'il était Gouverneur de la province de Hanoi quand j'en étais le Résident.

Le nouveau titre de Quân-công qu'il vient de recevoir met le comble aux honneurs qui lui ont été décernés; il les a certainement bien mérités.

Je lui en renouvelle toutes mes félicitations, et propose de boire à sa santé et à sa nouvelle distinction :

A Son Excellence le Kinh-luoc, Quân-công du Royaume d'Annam .

Et enfin M. le général Bégin porte un toast à S. M. l'Empereur d'Annam et à S. E. le Kinh-luoc.

Pendant le dîner, les chanteuses les plus renommées de Hanoi se sont fait entendre suivies d'une troupe de comédiens.

Vers 9 heures et demie, les invités à la soirée arrivent en grand nombre ; le café à peine servi, tout le monde quitte la table et M. le Gouverneur général ouvre le bal, par une valse avec Mme Goetschy.

Toutes les dames de Hanoi avaient répondu avec empressement à l'aimable invitation du Vice-Roi du Tonkin.

La foule envahit bientôt toutes les salles ; on fait largement honneur au buffet, des mieux approvisionnés, ce qui se comprend facilement, car la chaleur est étouffante ; les tables de jeu sont aussi entourées de nombreux amateurs. La piastre, trop mesquine ou trop encombrante, est remplacée par des piles de billets.

Au dehors, la fête est dans son plein.

Sur la place, en face, les chanteuses et comédiens que nous avons eus tout à l'heure font maintenant les délices de la population indigène accourue en foule de la ville et des environs.

Malheureusement, une pluie d'orage vient interrompre, pendant un moment, le bal et la fête champêtre ; malgré ce contretemps, la soirée se prolonge fort avant dans la nuit et un souper des mieux servis termine dignement cette charmante fête.

C'est la deuxième fois qu'il nous est donné d'assister à une réunion par de hauts dignitaires annamites et nous devons reconnaître qu'ils font très bien et largement les choses.

Tous nos compliments, en terminant, à l'ajudant Bigeard, de la milice, qui, avec un petit détachement de miliciens, a transformé la cour d'honneur de la pagode en une ravissante salle de bal.

M. RICHAUD A BAC-NINH

Lundi matin, à 5 heures, M. le Gouverneur général est parti en voiture pour aller visiter Bac-ninh ; il était accompagné de M. Dol, son officier d'ordonnance et de M. Outrey, sous-chef du cabinet.

M. Richaud s'est arrêté à Phu-tu-son, où il a reçu les hommages des notables de cette ville. Le phu a respectueusement attiré l'attention de M. le Gouverneur général sur les inondations qui ont désolé le pays par suite de la rupture des digues et il l'a supplié de faire quelque chose pour leur réparation.

M. Richaud a répondu qu'on pouvait compter sur toute sa sollicitude et qu'il allait prendre, d'accord avec M. le Résident général, les mesures nécessaires pour remettre les digues en bon état.

M. Richaud est arrivé à Bac-ninh à 9 heures ; M. le général Borgnis-Desbordes avait envoyé au-devant de lui son officier d'ordonnance M. le capitaine Donnier, en grande tenue.

M. le général Borgnis-Desbordes, M. le général Nisme, qui ne devait partir que le lendemain ; M. Bès d'Albaret, résident de Bac-ninh et tous les mandarins attendaient M. le Gouverneur général à la porte de la citadelle.

Les visites officielles ont eu lieu immédiatement : M. le Résident a présenté son personnel, puis M. Richaud a reçu MM. les généraux Nisme et Borgnis-Desbordes, Mgr. Colomer, évêque du Tonkin oriental, et les autorités annamites.

M. Richaud s'est rendu à Dap-cau, au cercle des officiers ; on connaît Dap-cau, dont plusieurs fois déjà nous avons donné la description : ses jolies collines, ses habitations à l'européenne, ses établissements industriels et usines qui commencent à se dresser, ses routes admirablement entretenues, etc.

M. Richaud a manifesté à plusieurs reprises la bonne impression qu'il ressentait en voyant une ville aussi coquette, dont l'aspect rappelle tout à fait la France.

M. le Gouverneur général est revenu à Bac-ninh où un déjeuner avait été préparé à la résidence. Parmi les convives se trouvaient : MM. les généraux Nisme et Borgnis-Desbordes, le colonel Dulieux, le commandant Spitzer, le capitaine Donnier.

Après avoir visité la citadelle et une partie de la ville, M. Richaud a quitté Bac-ninh à 4 heures, et était de retour à Hanoi, à 7 heures.

En revenant, il s'est arrêté à Phu-tu-son où les notables dés villages, informés de son passage, sont venus lui présenter leurs hommages.

M. RICHAUD

A HANOI, NAM-DINH ET HAIPHONG

Nous lisons dans le *Courrier d'Haiphong* du 29 juillet :

Mercredi soir à 5 heures, la colonie européenne, les fonctionnaires civils et militaires, étaient convoqués à la résidence générale, pour recevoir les adieux de M. Richaud.

Un peu avant 5 heures le grand salon est rempli de colons et de fonctionnaires ; beaucoup d'officiers, l'état-major du général Bégin au complet. S. E. le Kinh-luoc est là également avec le tong-doc d'Hanoï, le tham-thà et les ambassadeurs de Hué.

En quelques mots, M. le gouverneur général prend congé de tous :
« Messieurs,

« En arrivant ici, j'ai fait appel à la bonne volonté de tous et à « la concorde pour travailler tous ensemble au bien de ce pays ; en « partant, je vous adresse la même recommandation, et j'ai la certi- « tude, par les heureux symptômes qui se sont produits, que mon « appel a été et sera entendu.

« Je vous laisse sur la brèche. Je suis forcé de rentrer à Saigon « pour y régler des affaires très importantes. Le Tonkin m'a pris, « m'a *empoigné* comme il l'a fait de vous tous ; je serais heureux « de consacrer quelques années au développement de cette belle « colonie. Je m'éloigne à regret ; j'aurais voulu rester plus long- « temps au milieu de vous pour achever ce qui n'est encore « qu'ébauché.

« Mais une chose me console de ce départ pour Saigon, où « m'appellent d'autres soucis ; je laisse derrière moi, comme résident « général, un administrateur de carrière vieilli dans les affaires « indo-chinoises.

« Messieurs, mon plus grand désir est de revenir parmi vous, « si la confiance du Gouvernement de la République, m'y maintient.

« Messieurs, je vous remercie d'être venus en aussi grand nombre. »

M. Richaud se rend ensuite à l'appontement où l'attend M. le général Bégin avec M. le capitaine Guyonnet, officier d'ordonnance. Le gouverneur est accompagné par M. Parreau, résident général *p.i.*, S.E. le Kinh-luoc ; les ambassadeurs et les mandarins annamites qui descendent sur le ponton pendant que les colons, les fonctionnaires civils et militaires se rangent sur le quai pour assister au départ.

Suivant le désir exprimé par le gouverneur, les honneurs militaires ne sont pas rendus.

A 6 heures, M. Richaud serre la main aux personnes qui sont venues l'accompagner et monte à bord du *Tuyen-quan* avec M. Chesne, sous-chef du cabinet, M. le capitaine Dol, M. le lieutenant Scal, officiers d'ordonnance, le tong-doc et l'an-sat de Nam-dinh, et le délégué de S.E. le Kinh-luoc.

Ce dernier doit accompagner M. le Gouverneur général jusqu'à Haiphong et ne quitter Haiphong que lorsque M. Richaud sera parti pour Saigon. Cet acte de haute courtoisie annamite est à noter.

Le *Tuyen-quan* lève l'ancre et s'éloigne. M. le Gouverneur salue, et la foule reste sur le quai tant qu'elle aperçoit la chaloupe, pendant que les Annamites tirent des pétards. Et ce sera la note caractéristique de ce départ sans grand apparat commandé, la défférence respectueuse et sincère de tous, colons et fonctionnaires, envers l'homme de carrière simple et bon qui, en quelques jours, a su montrer sa bienveillance pour tous les intérêts, et sa connaissance approfondie des questions administratives.

Jeudi, à 1 heure du matin, le *Tuyen-quan* mouille en face du canal de Nam-dinh ; il repart à 4 heures, et à 6 heures il jette l'ancre devant la résidence de Nam-dinh.

Toute la ville est pavoisée. Sur le quai sont rangées les troupes sous le commandement de M. Lacroix, chef de bataillon, commandant la région. Une section d'infanterie de marine, trois compagnies de tirailleurs tonkinois, la garde civile indigène.

M. Lamothe de Carrié, résident, va au-devant du gouverneur qui descend aussitôt à la résidence, où les colons, les fonctionnaires civils et militaires lui sont présentés.

S'adressant à la très restreinte colonie européenne, M. Richaud témoigne le regret de la voir encore trop peu nombreuse pour qu'une organisation municipale puisse lui être donnée ; il exprime le désir de voir la population civile s'accroître rapidement, et Nam-dinh la deuxième ville annamite et chinoise du Tonkin devenir aussi une ville européenne importante.

Les réceptions terminées le gouverneur se rend à la citadelle et parcourt la ville en voiture.

A dix heures 1/2, déjeuner à la résidence. Sont invités : M. le commandant Lacroix, M. Leprévost, chef du bureau des douanes, le personnel de la résidence, etc.

Après le déjeuner, les chanteuses de Nam-dinh qui jouissent au Tonkin d'une grande réputation — pas de beauté, car elles sont loin d'être aussi jolies que celles de S.E. le Kinh-luoc — viennent chanter à la résidence.

Pendant toute l'après-midi, M. le Gouverneur reçoit les personnes qui désirent l'entretenir, et à 4 heures 30, il remonte à bord du *Tuyen-quan* qui part aussitôt.

Les mandarins ont rangé sur le quai du canal tous leurs drapeaux multicolores ; au moment où le yacht passe devant eux, les porteurs de drapeaux se mettent à courir et accompagnent la chaloupe près de deux kilomètres, pendant qu'on tire des pétards sur tout le parcours. Le coup d'œil est vraiment curieux.

Vendredi, à 4 heures 30, le *Tuyen-quan* arrive au confluent du Lach-tray et Song-tam-bac, devant ce fameux nœud de cravate fertile en échouages. Le résident d'Haiphong, par mesure de précaution, a envoyé au-devant de M. le Gouverneur général, une petite chaloupe, à faible tirant d'eau, mais l'heure est favorable, il y a assez d'eau dans le Song-tam-bac, et le *Tuyen-quan* arrive majestueusement à 6 heures.

M. Richaud descend aussitôt à la résidence.

Hier soir M. le Gouverneur général tenant la promesse faite à l'arrivée, a inauguré la municipalité d'Haiphong.

Nous rendrons compte jeudi.

LES DERNIERS ARRÊTÉS

Sous ce titre, le *Courrier d'Haiphong*, du 29 juillet, étudie les divers arrêtés pris par M. Richaud pendant son séjour au Tonkin :

En un mois M. Richaud, faisant preuve d'une grande activité, a pris un certain nombre d'arrêtés importants où se retrouvent sa connaissance approfondie des affaires administratives et cet esprit pratique dont est frappé quiconque approche M. le Gouverneur général *p.i.*

Il a été aidé dans ce travail important par M. Parreau, résident général *p.i.*, un administrateur vieilli dans la connaissance des affaires indigènes.

Nos lecteurs ont lu déjà ces divers arrêtés et circulaires :

Lettre du 7 juillet sur les corvées, leur rachat, et la création de voie de communication ; arrêté du 7 juillet, sur les concessions à accorder aux indigènes et Asiatiques étrangers ; circulaire du 19 juillet ; arrêté du 19 juillet organisant les municipalités d'Hanoi et d'Haiphong; arrêté du 20 juillet, frappant d'amendes les villages qui ne prêteraient pas leurs concours à l'autorité française pour l'arrestation des pillards et des fauteurs de désordre ; arrêté du 20 juillet changeant les milices provinciales annamites en « garde civile indigène du Tonkin » ; arrêté du 20 juillet réglementant la nomination et l'avancement des fonctionnaires des résidences ; arrêté du 24 juillet déterminant les recettes et dépenses du budget du Protectorat au 1er juillet 1888.

Il est dificile de juger, dès le premier jour, la valeur absolue de tous les arrêtés remaniant, quelques uns du moins, des services importants, et les organisant à nouveau ; tout ce qu'on peut faire c'est jeter un coup d'œil d'ensemble, donner une idée générale, et en dégager, si possible, l'impression produite. L'avenir dira ensuite, quand l'expérience sera faite, si telle ou telle disposition est parfaite ou demande à être modifiée , car dans un bon arrêté il peut exister un point particulier reconnu dangereux dans la pratique.

La lettre du 20 juillet contient des dispositions excellentes : on devra exiger l'intégralité des corvées dues par les indigènes, et les appliquer presque exclusivement à la construction, à l'amélioration et à l'extension des routes ; on pourra permettre aussi aux indigènes de racheter ces corvées en argent, et les sommes perçues seront appliquées au même objet.

Il est inutile d'insister sur l'importance de la création de nouvelles routes, permettant de pénétrer à l'intérieur et de circuler facilement.

Le rachat facultatif des corvées est un premier pas vers le rachat obligatoire, et celui-ci doit, dans l'avenir, mettre à la disposition des travaux d'amélioration une somme très importante — certains l'évaluent à une dizaine de millions.

Enfin l'application des ressources à la province qui les produit est encore une mesure excellente, origines des caisses provinciales que nous ne saurions trop louer.

L'arrêté du 7 juillet, accordant des concessions de 5 hectares aux indigènes et Asiatiques étrangers, sera également approuvé. Pourquoi ne pas avoir étendu aux Européens la faveur accordée aux Asiatiques ? Il n'y aurait pas d'inconvénient.

Il n'est pas de question plus controversée que celle des milices. On a beaucoup discuté ; partisans et adversaires sont restés de leur avis.

Si leur transformation en « garde civile indigène » ne nous séduit pas outre mesure, nous comprenons très bien le sentiment auquel a obéi M. le Gouverneur général en démilitarisant à dessein ces milices, dont l'expérience a été faite, et quoiqu'on ait dit, avec succès.

Le ministère de la marine prescrivait de placer les miliciens sous les ordres de l'autorité militaire. Il voulait ainsi enlever aux résidents cette force armée qui leur est indispensable, rendre l'administration civile impuissante et arriver à ses fins : une administration militaire indéfinie. M. Richaud a coupé court à ces billevesées en démilitarisant les milices ; transformées en « police » elles ne pourront plus passer sous les ordres de l'autorité militaire, et les résidents les garderont.

Peut-être certains officiers de milice démissionneront-ils, ne voulant pas accepter de devenir des policiers ? Qu'ils se rassurent. Pour ne pas faire de grandes expéditions, leur rôle ne sera pas changé, et leur importance, dans une mission toute de surveillance et d'intelligence, ne saurait être amoindrie par une broderie sur la manche au lieu d'un galon.

Hanoi et Haiphong vont avoir des municipalités. Nous avions demandé l'élection. Patience ! ce premier résultat est acquis, et tout nommé qu'il soit par l'administration, le Conseil municipal est suffisamment armé pour être fort s'il est composé d'hommes indépendants.

Et il sera forcément indépendant ce Conseil municipal, administrateur des deniers publics, qui aura à répondre de sa gestion devant l'opinion publique plus encore que devant l'administration.

Quelques uns disent : « Le résident faisant fonction de maire a tous les pouvoirs, pourra marcher sans le conseil, en s'appuyant sur la résidence générale. » Crainte de peu de valeur. Si le maire est en hostilité avec le conseil municipal, l'article 8 du titre premier, l'article 15 du chapitre deux, et d'autres encore permettent au Conseil municipal d'exprimer son opinion, de l'accentuer assez fortement pour qu'on soit obligé d'en tenir compte.

Très bon encore l'arrêté du 20 juillet qui frappe d'amende les villages hostiles. L'application ne pourra en être faite que par des résidents parlant l'annamite, et conversant sans l'intermédiaire d'un interprète avec le li-thuong du village inculpé avec les mandarins. Entre Annamites, on aime à se dénoncer pour le seul plaisir de se nuire, et il faudra déjouer ces menées.

Mais les bons résidents sont tous les jours plus nombreux au Tonkin, et bientôt on comptera ceux qui ne parlent pas l'annamite. Sous M. Bihourd on comptait les autres. Oublions ce temps.

Si le recrutement des résidents n'a pas été toujours merveilleux, que dire des cadres inférieurs ? L'administration du Tonkin a été longtemps le refuge des *fils à papa*, ratés de tous les bachots. Ils venaient au Tonkin, après avoir mangé leur blé en herbe, et on les bombardait commis de première classe, voire même chanceliers, au grand détriment des braves garçons travailleurs, arrivés ici au début, attendant vainement l'avancement promis. Combien de gens aussi, sortis on ne sait d'où, et qu'il a fallu renvoyer pour l'honneur de l'administration.

Ce temps est passé. Aujourd'hui, pour entrer dans l'administration des affaires civiles et indigènes, pour y avoir quelque avancement, il sera nécessaire de faire preuve et de moralité et de connaissances professionnelles.

Cet arrêté est calqué sur le règlement de Cochinchine, mais plus libéral et mieux compris :

Les sous-officiers n'auront pas à passer par le stage de commis auxiliaire, et l'examen passé, seront nommés d'emblée commis de 3me classe.

En vertu de l'article 4, l'officier démissionnaire sorti de St-Cyr, ne sera plus nommé commis auxiliaire, comme on l'a déjà fait au Tonkin.

L'article 7 est encore à louer. En Cochinchine quiconque n'est pas bachelier ne peut arriver au grade d'administrateur de 3e classe, correspondant à celui de vice-résident de 2e classe. Au Tonkin le fonctionnaire qui aura commencé par être commis auxiliaire et se sera élevé peu à peu, pourra être nommé vice-résident et résident, qu'il soit diplômé ou non. Cette disposition libérale permettra aux travailleurs sortis péniblement de la foule d'arriver aux plus hauts grades.

Enfin la disposition transitoire, autorisant une révision des grades aura pour effet de réparer bien des injustices, de faire disparaître bien des anomalies.

Le budget du Protectorat fait à la hâte avec des prévisions de recettes et de dépenses approximatives était un simple document; on n'en tenait aucun compte dans la pratique. Aussi dépensait-on à tort et à travers, sans s'inquiéter de savoir si l'équilibre ne se serait pas rompu en fin d'année.

Ce désordre semblait autorisé par l'incertitude des comptes laissés par le budget des exercices précédents ; on engageait ainsi de grosses dépenses sur un fonds plus qu'aléatoire: par exemple, le remboursement de la Guerre au Protectorat évalué à sept millions. Tout compte fait le Protectorat doit à la Guerre.

Le budget n'était pas établi que des arrêtés modifiaient de fond en comble l'organisation des services du Trésor, des Postes et Télégraphes, et détruisaient l'économie du chapitre du budget des dépenses les concernant.

On marchait donc à l'aveuglette quand est arrivé le coup de foudre de la suppression du budget général.

Il fallait verser, du jour au lendemain 45 millions au budget du Protectorat. D'autre part la comptabilité du budget général était tenue en francs, et les paiements au taux du jour; la comptabilité du budget du Protectorat était en piastres, à un taux invariable. Le rattachement à ce budget des dépenses inscrites au budget général devenait très difficile, et la confusion ne pouvait qu'être augmentée.

Alors le ministère, fidèle à ses habitudes de tout gêner, de se mêler de tout sans s'informer auprès de qui peut le renseigner, ordonne de payer la solde des militaires seuls au taux du jour — ce qui a pour résultat d'augmenter de 500,000 piastres les dépenses prévues. La mesure est juste en elle-même, car il faut donner à chacun ce qui lui revient, mais établie en faveur des militaires elle devrait être étendue aux services civils. Tout ou rien.

Nous ne parlons pas des changements de solde du personnel administratif ordonnés par le ministère, des suppressions d'emploi, des indemnités de logement, des rations en nature ou indemnités représentatives données, enlevées et rendues encore.

La subvention métropolitaine était diminuée du 200,000 fr.

Ce sont les services civils qui supportent cette différence alors qu'il faudrait les augmenter, le calme ne pouvant revenir qu'à la condition que l'action administrative pénètre profondément le pays et puisse s'exercer dans le moindre des villages soumis jusqu'à ce jour aux procédés sommaires des militaires.

L'entretien des chasseurs annamites devait être supporté par le trésor de l'Annam ; mais au bout de 5 mois d'exercice on s'aperçoit que ce trésor est épuisé depuis le 1er janvier, et qu'en conséquence toutes les dépenses faites ou à faire doivent être payées par le budget du Protectorat. C'est une nouvelle charge de 600,000 piastres qui incombe au budget.

En mars seulement les dépenses militaires des deux premiers mois dépassent les prévisions pour 1,200,000 francs. On im-

pute cet excédent sur les voies et moyens du budget général.
Lors de sa suppression, c'est encore le budget du Protectorat
qui doit supporter cette nouvelle dépense.

L'arrêté du 24 juillet démontre aussi que pour un crédit de
100,000 francs accordé pour les travaux en Annam on dépense
par erreur 200,000 fr. parce qu'on délègue le crédit à l'autorité civile et qu'on charge l'autorité militaire des travaux.

A son arrivée M. Richaud a tenu à se rendre un compte exact
de la situation laissée par l'exercice précédent, étude que
n'avait jamais osé faire aucun résident général. Les résultats
nous sont inconnus.

Ce travail considérable achevé il a fait établir le relevé de
toutes les dépenses de l'année courante et a enfin bouclé le
budget de 1888 en recettes et en dépenses à $ 13,606,145 93.
Il existe même un fonds de réserve suffisant pour faire face
aux éventualités, et venir en aide à certains chapitres trop
faiblement dotés.

Si les recettes locales ne font pas défaut, et si de gros évé-
nements militaires ne surviennent pas jusqu'en fin d'année,
il y a lieu de croire que le budget s'équilibrera sans de
graves différences. Malgré cela M. Richaud a pu consacrer des
sommes importantes à l'éclairage des côtes d'Annam, à la
construction de la route de Tourane à Hué, à la fortification
du Mang-cà, à la route d'Hanoi à Lang-son, à l'hôpital de
Tourane, tous travaux dont l'urgence était incontestable.

Comme on le voit M. Richaud n'a pas perdu son temps au
Tonkin.

ARRÊTÉS

Pris par M. RICHAUD pour organiser et pacifier le Tonkin.

A son passage à Haiphong, le Gouverneur général avait promis d'installer lui-même la municipalité qu'il comptait créer dans cette ville.

Le vingt-huit juillet, à neuf heures du soir, veille de son départ, il a en effet procédé à l'installation de cette municipalité nommée la veille.

Tous les membres avaient répondu à l'appel du Gouverneur, et nous publions ci-après le procès-verbal de cette séance :

CONSEIL MUNICIPAL D'HAIPHONG

SÉANCE DU SAMEDI 28 JUILLET 1888.

La séance est ouverte à neuf heures, sous la présidence de M. le Gouverneur général de l'Indo-Chine.

Sont présents :

MM. Bancal.	MM. Paulhan.
Bleton.	Reynaud.
Daniel.	Sintas.
Devaux.	Vincens.
Briffaud.	Joseph Sanh.
Candau.	Phong.
Leroy-Cahors.	

Absent et excusé M. Croizade.

Monsieur le Gouverneur général prononce l'allocution suivante :

« Messieurs,

« En instituant la municipalité d'Haiphong, j'ai voulu d'abord vous
« témoigner combien vos efforts, votre initiative, votre volonté d'exis-
« ter m'avaient frappé profondément et attaché à votre œuvre. Vous
« êtes venus ici en grand nombre, sans vous laisser décourager par
« rien ; vous avez fait une ville en quelques mois.

« En France, les partis hostiles au Tonkin l'attaquent sans cesse de
« parti pris et mettent son existence même en question. En vous don-
« nant une municipalité, j'ai voulu prouver à ces partis combien
« étaient déjà considérables les intérêts engagés, et leur montrer que
« l'importance seule de ces intérêts méritait déjà de leur part quelque
« bienveillance. C'est en prouvant par des actes que le Tonkin existe
« que nous supprimerons la *question du Tonkin*.

« Tout le mal vient de ce que le Tonkin est mal connu. On a tout
« exagéré. Loué outre mesure par les uns, dénigré hors de propos par
« les autres, il est resté légende bonne ou mauvaise.

« J'ai la conviction que le Tonkin deviendra une belle colonie lorsque
« l'on mettra en œuvre toutes les ressources locales, et que le pays
« pacifié pourra produire pour l'exportation. Mais ce pays ne pourra
« être exploité que lorsqu'il aura des routes nombreuses ; malgré la
« modicité de nos ressources, grâce à la corvée, les plus importantes
« de ces routes seront faites avant peu. Ce sera déjà un grand progrès.

« J'aurais voulu créer une école d'agriculture. Le temps m'a man-
« qué ; mais je laisse ce soin à M. le Résident général *p. i.*, dont vous
« connaissez l'activité. Cette école, où viendront se former sans frais
« pour nous des élèves de chaque village entretenus par le village
« même, formera des agriculteurs sérieux qui, rentrés dans leurs vil-
« lages, y apporteront nos méthodes rationnelles et enseigneront aux
« populations annamites des cultures plus rémunératrices.

« Le Tonkin, Messieurs, donnera de beaux résultats quand on aura
« pu y créer un outillage commercial. Pour cela il faut de l'argent, et
« nous n'en avons pas.

« Ouvrez le budget du Tonkin et de l'Annam, vous n'y verrez figurer
« que des ressources d'entretien. Il en est ainsi depuis le premier
« jour. La première mise de fonds, le capital initial a fait défaut.
« Aussi les routes manquent, et nos ravitaillements nous reviennent à
« des prix fabuleux.

« Nos casernes, nos hôpitaux, en dehors de ceux de Quang-yen, de
« Nam-dinh et d'Hanoi, sont dans des conditions d'installation tout à
« fait insuffisantes, et la santé de nos soldats s'en ressent, et aussi
« nos dépenses, car un homme bien portant coûte moins cher qu'un
« malade.

« Nos fonctionnaires, à de rares exceptions près, sont logés comme
« en camp volant, et leur prestige aux yeux des populations annamites
« n'en est pas rehaussé. Vous-mêmes, la ville d'Hanoï, les autres villes

« du Tonkin réclament des travaux d'une utilité incontestable, d'une
« urgence reconnue, destinés à faciliter la production et la circulation
« des ressources du Tonkin.

« Le budget ne peut rien, ou presque rien, pour donner satisfaction
« à ces intérêts et à ces besoins.

« En résumé, ce pays ressemble à une maison placée sur un grand
« boulevard et dont la façade magnifique et le gros œuvre sont seuls
« terminés. Tant que les aménagements intérieurs ne seront pas ache-
« vés, tant qu'elle ne pourra pas être habitée, la maison ne sera d'aucun
« rapport. Au Tonkin, la façade est faite, les aménagements manquent
« encore.

« Messieurs, j'ai cru que le moment n'était pas encore venu de vous
« faire nommer à l'élection ; c'est à vous de prouver par votre sagesse,
« par la bonne conduite des affaires de la municipalité, que notre
« choix a été heureux et que, après avoir eu la confiance de l'Admi-
« nistration, vous êtes aussi dignes de la confiance publique que si
« vous étiez ici en vertu d'un mandat électoral. »

M. le Gouverneur général a ensuite invité MM. les conseillers à procéder à l'élection des deux adjoints prévus par l'article 7 de l'arrêté
organisant la municipalité d'Haiphong.

Après vote et dépouillement du scrutin, le résultat suivant a été
constaté :

Premier adjoint.

MM. Candau... 8 voix.
    Sintas... 2 —
    Bancal... 2 —
    Devaux... 1 —

Deuxième adjoint.

MM. Vincens... 1 voix.
    Bleton... 2 —
    Sintas... 2 —
    Daniel... 4 —
    Bancal... 1 —
    Leroy-Cahors... 1 —
    Devaux... 1 —
    Reynaud.. 1 —

M. Candau ayant réuni la majorité des suffrages a été nommé premier adjoint.

L'élection du deuxième adjoint ayant donné lieu à ballotages, M. le
Gouverneur général a invité MM. les Conseillers à procéder à une nouvelle élection qui a donné le résultat suivant :

MM. Sintas... 7 voix.
    Bancal... 2 —
    Devaux... 1 —
    Daniel... 1 —
    Bleton... 1 —

M. Sintas ayant réuni la majorité des suffrages a été nommé deuxième adjoint.

M. Candau, premier adjoint, s'est alors levé et a prononcé les paroles suivantes :

« Je remercie mes honorables collègues des suffrages qu'ils ont bien
« voulu m'accorder pour les fonctions d'adjoint. Je sens tout le prix
« de cet honneur, et je ferai tout ce qui dépendra de moi pour m'en
« rendre digne.

« Je considère également comme un devoir de remercier M. le Gou-
« verneur général, au nom du nouveau Conseil, de l'excellente mesure
« qu'il a prise en créant la première municipalité d'Haiphong, et en
« associant ainsi plus intimement les habitants d'Haiphong à la gestion
« de leurs intérêts.

« Le Conseil aura à cœur de justifier l'utilité de cette institution,
« qui contribuera puissamment au développement de notre ville.

« Votre œuvre, Monsieur le Gouverneur général, ne se borne pas à
« la création des municipalités d'Hanoi et d'Haiphong. Pendant votre
« court séjour parmi nous, vous avez pris d'autres mesures qui témoi-
« gnent à la fois et d'un libéralisme éclairé et d'une expérience admi-
« nistrative consommée. Ces mesures auront les plus heureux effets
« au point de vue de la prospérité de la colonie, et je crois être l'inter-
« prète du Conseil en vous adressant ici l'expression de toute notre
« reconnaissance. »

Le Conseil, à l'unanimité, s'associe aux sentiments exprimés par M. Candau.

M. Sintas remercie également ses collègues de l'honneur qu'ils lui ont fait.

M. le Gouverneur général consulte ensuite le Conseil sur le point de savoir s'il entend procéder, tout de suite, à la nomination d'une commission qui serait chargée d'élaborer un projet de budget de concert avec le Résident.

Après une courte discussion, cette nomination est ajournée à une prochaine séance.

La séance est levée à dix heures et demie.

V. Candau, L. Paulhan, Alcide Bleuton,
P. Devaux, E. Bancal.

DÉPART D'HAIPHONG

M. Richaud, Gouverneur général *p. i.*, s'est embarqué à Haiphong le 29 juillet. Tout le personnel de la Résidence, officiers et fonctionnaires, avaient tenu à venir le saluer avant son départ; les membres de la Chambre de commerce et les membres du Conseil municipal installé la veille et tous les colons s'étaient également rendus à la Résidence pour souhaiter bon voyage au Gouverneur général et le remercier des mesures qu'il a prises pendant son séjour au Tonkin.

Avant de les quitter, M. Richaud les a remerciés en termes émus de la marque de sympathie qu'ils lui donnaient en venant en si grand nombre, et a de nouveau fait appel à la bonne entente et à l'union de tous pour la réussite des projets de la France sur le Tonkin.

Tout le monde a accompagné M. Richaud jusqu'à l'embarcadère.

A trois heures, *l'Aréthuse* levait l'ancre, et le 2 août, à sept heures du matin, M. Richaud débarquait à Saigon.